JN117673

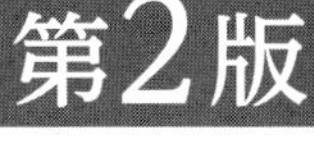

土地区画整理の登記手続

日本加除出版株式会社

第２版　はしがき

「土地区画整理の登記手続」を刊行してから，「工場抵当及び工場財団に関する登記」（平成 28 年 11 月），「第５版マンション登記法」（平成 30 年３月），「各種財団に関する登記」（平成 31 年３月）「各種動産抵当に関する登記」（令和２年４月）と年に１冊のペースで書き続けてきました。

いずれも，不動産登記関係のマイナー部分を採り上げたものですが，マイナー部分だからこそ，私でも書き続けることができたのでしょう。

本書の初版発行時に，「本書は，「まちづくり登記法Ⅱ」として，土地区画整理事業における登記手続というまちづくりの中のごく細小部分に絞って記述しています。」と述べましたが，同書で述べたように「まちづくりとは何か，どうあるべきか」という基本理念を常に頭に入れておくべきことは，当然として，さらに，土地区画整理の周辺にある問題も理解することによって，本当に「土地区画整理の登記手続が分かった」といえるのではないかと考えました。

そこで，第２版では，本文を加筆修正したほか，【判例】【参考】【図】を書き加えました。

執筆に当たっては，日本加除出版株式会社の宮崎貴之部長には，前著に引き続き，資料の検索・収集並びに細部の表現に至るまでチェックをしていただくなど，多大な御苦労を掛けました。有り難うございました。

令和２年 12 月

五十嵐　徹

はしがき

一昨年11月に「まちづくり登記法」と題して，都市計画事業に関係する登記手続について，都市再開発法による不動産登記に関する政令を主なテーマとする図書を刊行しました。その中で，土地区画整理法に関しては，その概要と土地区画整理事業を都市再開発事業と一体的に施行する場合などに限定して記述しました。

土地区画整理事業は，「都市計画の母」（都市計画家・兼岩伝一のことば）といわれ，震災・戦災復興あるいは宅地開発を目的として，全国で数多く実施されてきました。もっとも，土地区画整理法が施行されたのは，高度経済成長期の始まった昭和29年であり，それまでは，耕地整理法（明治32年，明治42年）のほか旧都市計画法（大正８年），旧特別都市計画法（大正12年）などを根拠として行われていました。

都市に人口が集中し，大量の宅地需要に対応するため，開発が比較的容易な郊外において，区画整理事業がスタートし，宅地供給が行われました。しかし，「土地神話」は崩壊し，人口減少や少子高齢化，低成長などの社会経済情勢の変化を受けて，市街地拡大の志向は低下し，郊外型区画整理の必要性は低下しています。

一方，既成市街地では，地権者が多く権利関係が複雑化しているため，合意形成に時間がかかり，また，多種多様な建築物が存在するため，移転補償費が増大し，しかも，地価は高止まり傾向にあるなどから，再整備が進んでいるとはいえません。

欧米で，都市計画といえば，その地域の住民にどんなくらしを提供すべきかという「まちづくり」を問うもので，学校，コミュニティ，福祉などの生活そのものを含めて考えられています。これに対して，日本の都市計画は，主として道路をどのようにつくるかということでスタートしました。立派な道路を通し，公園を配置して，土地利用を定めることでした。その中で営まれる市民の暮らしには関知しないできたというと言いすぎでしょうか。

こうした背景の中で，敷地整序型や飛び施行地区型，地籍整備型などの

「多様で柔軟な区画整理」が全国各地で開始され，中心市街地や駅周辺，密集市街地などにおいて活用され始めています。新市街地の整備から既成市街地の再整備にシフトしているのです。

「まち」は，都市全体のマクロ的な視点から都市の骨格づくりをする都市計画法，敷地単位のミクロ的な視点から建築規制をする建築基準法，地区レベルで宅地を整備する土地区画整理法，そのほか数多くの法令により支えられています。これからの「まちづくり」は，土地だけではなく，建物及びその周辺の生活環境も対象とする事業がメインとなります。ドイツでは，「都市計画の母は，建築規制」といわれています。土地と建物を一体としてデザインすることによって，優れた「まち」が生まれるものと考えます。

ちなみに，欧米諸国においては，建物は，土地と別不動産ではなくその附合物とされています。我が国の民法（86条１項）も「土地及びその定着物は，不動産とする。」としています。手続法である不動産登記法（２条１号）が別不動産であることを前提にして定めているにすぎません。

いずれにしても，土地区画整理制度が，まちづくりの基本であり，最大の貢献者であるといわれてきたことは間違いありません。

本書は，「まちづくり登記法Ⅱ」として，土地区画整理事業における登記手続というまちづくりの中のごく細小部分に絞って記述しています。しかし，「まちづくり登記法」でも述べたように「まちづくりとは何か，どうあるべきか」という基本理念は，常に頭に入れておくことが大切です。また，本書の申請書様式や登記記録例は，その一部分のみを（抄）として掲載したり，全部省略したりしています。その理由は，ページ数の大幅増加を避けるということもありますが，申請書や登記記録は，あくまでも読者御自身に決めていただきたいと考えているからです。そうすることによって，大きな「まち」も見えてくると思います。

筆者は，前著を執筆するときから，多くの方々に御協力をお願いし，処理に困るくらいの膨大な情報・資料を提供していただきました。しかし，意外だったのは，新不動産登記法及び新土地区画整理登記令が施行されて９年が経過しましたが，新しく出された関係文献が極端に少ないことでした。これは，前著を執筆中に判明し，戸惑った事実ですが，それだからこそ，本書を刊行する意味があると前向きに考え，可能な限り，新しい情報をお伝えするべく取り組みました。しかし，問題点・疑問点を指摘するに止め，答えを留保した事項もあります。

したがって，できあがった内容に対しては，読者の皆様，特に実務を担当されている方々からは，説明不足であるなどの御指摘をいただくかもしれません。そのようなときは，どうか御連絡ください。そして，一緒に考えましょう。

執筆に当たっては，日本加除出版株式会社の宮崎貴之副部長には，前著に引き続き，資料の検索並びに細部の表現に至るまでチェックをしていただくなど，多大な御苦労を掛けました。有り難うございました。

平成26年4月

五十嵐　徹

【本書の記述方法】

1　見出しを４段階（一部５段階）に細分化し，その箇所には，どういうことが書いてあるかを明らかにしました。見出しは，目次であると同時に索引としても利用できます。

2　文章は，次の公用文及び法令に関する通達等に従いました。ただし，法令を引用する場合は，そのまま表記しました。

a　公用文作成の要領（昭27．4．4内閣甲第16号，昭56.10．1改訂）

b　公用文における漢字使用等について（平22.11.30内閣訓令第１号）

c　法令における漢字使用等について（平22.11.30内閣法制局総総第208号）

3　疑問を生じそうなところ又は本文の補足説明などについては，Ｑ＆Ａ又は参考事例のコーナーを設けて，説明の仕方を変え，あるいは関連する事項の説明をしました。

4　関係する通達・回答は，法務省民事局のほか国土交通省及び農林水産省発出のものを含め，なるべく引用するようにしました。

5　索引は，ページではなく，項目ごとに区分し，利用しやすいようにしました。用語及び条文は，申請書記載例並びに申請情報の内容及び添付情報（2：2：4　代位登記の添付情報を除く。）については，原則として掲載せず，参照すべき箇所を限定しました。

6　引用条文は，次のように表記し，「第何条第何項」は「何条何項」と略記しました。

１条，２条 → １条又は２条　　１条及び２条

８条・１条，２条 → ８条が準用する１条及び（又は）２条

８条；１条 → ８条及び（又は）１条　　８条が準用する１条

7　申請書記載例及び換地明細書等並びに登記記録例は，各一部（抄）のみを表記しました。

8　用語の使い方

①「とき」と「時」と「場合」

a　「時」には，時点や時間を示す役割があります。「とき」は，時点や時間を示す役割に加え，「仮定的条件」を表す役割もあります。

b　「時」は，「仮定的条件」を表す場合には，使えないため，「時」を「とき」と記載するのは問題ないが，「とき」を「時」を記載することはできません。

c　「場合」と「とき」は，どちらも「仮定的条件」を表すことができる用語です。「仮定的条件」の意味でこれらの言葉を使う場合，どちらを優先的に使わなければならないという決まりはありませんが，法律の文章において，これら２つの用語を同時に使用するときには，決まったルールがあります。

すなわち，大小２つの「仮定的条件」を，重ねて表す場合は，大きな「仮定的条件」に「場合」を用い，次の小さな「仮定的条件」に「とき」を用います。

d　用例

◦　○○の場合において，△△したときは……

◦　□□の場合，☆☆であるときは～，★★であるときは～

◦　○○の場合において，△△したときは，☆☆ときに限り，……

②　「及び」と「並びに」及び「者」「物」「もの」の使い分けに注意する。

③　文語体と口語体

法令には，現在なお文語体又は文語調を使用している文章が目につきます。また，「ヒト」を「モノ」で表記している文章も気になります。

次のように見直すべきです。

a　「思料する」（不登法 23 条など）→考える

b　「主たる債務者」（民法 377 条など）→主債務者

c　「主たる根拠地」（農登令２条１項など）→主な根拠地

d　「…する者があるとき」（民法 374 条，不登法 68 条など）→「…する者がいるとき」

e　「第三者がない場合」（不登法 66 条など）→「第三者がいない場合」

【凡　例】

本稿において引用する主な法令，通達・通知等及び用語の略称並びに参考・引用文献の略称は，次のとおりです。

〈主な法令〉

不登法：不動産登記法
不登令：不動産登記令
不登規則：不動産登記規則
法：土地区画整理法
令：土地区画整理法施行令
規則：土地区画整理法施行規則
登記令：土地区画整理登記令
登記規則：土地区画整理登記規則
都計法：都市計画法
都計令：都市計画法施行令
都再法：都市再開発法
都再令：都市再開発法施行令
都再登記令：都市再開発法による不動産登記に関する政令
都再特別法：都市再生特別措置法
マン法：建物の区分所有等に関する法律
建替法：マンションの建替えの円滑化等に関する法律
新都市法：新都市基盤整備法
大都市法：大都市地域における住宅及び住宅地の供給の促進に関する特別措置法
宅鉄法：大都市地域における宅地開発及び鉄道整備の一体的推進に関する特別措置法

地方拠点法：地方拠点都市地域の整備及び産業業務施設の再配置の促進に関する法律

中心市街地法：中心市街地の活性化に関する法律

首都圏法：首都圏の近郊整備地帯及び都市開発区域の整備に関する法律

近畿圏法：近畿圏の近郊整備区域及び都市開発区域の整備及び開発に関する法律

被災法：被災市街地復興特別措置法

被災規則：被災市街地復興特別措置法施行規則

密集法：密集市街地における防災街区の整備の促進に関する法律

環境評価法：環境影響評価法

鉱害令：鉱害賠償登録令

鉱害規則：鉱害賠償登録規則

行訴法：行政事件訴訟法

行執法：行政代執行法

民執法：民事執行法

建基法：建築基準法

地自法：地方自治法

地自令：地方自治法施行令

登免税法：登録免許税法

登免税令：登録免許税法施行令

国財法：国有財産法

〈主な通達〉

申請書通達　土地区画整理事業の施行に伴う登記申請書等の様式について（昭 31．9．25 民事甲 2206 号通達，昭 34．5．25 民事甲 1058 号通達で一部改正）

記載例通達　土地区画整理登記令による登記簿の記載例等について（昭 31．9．25 民事甲 2207 号通達）

換地明細書等の作成要領　換地明細書，地役権明細書及び法第93条の規定による処分調書作成要領（昭31.12.19建設省計377号計画局長通達，昭41.4.30建設都発73号改正）

登記申請書等作成要領　土地区画整理事業の施行に伴う登記申請書，申告書，届出作成要領（上記と同日同号同名義通達）

旧土地改良様式　土地改良登記令による登記申請書の様式等について（昭43.1.17民事甲33号通達）

土地改良通達　土地改良登記令を一部改正する政令の施行に伴う登記事務の取扱いについて（昭43.1.26民事甲248号通達）

換地計画実施要領　換地計画実施要領について（昭49.7.12・49構改B1232号農林（水産）省構造改善局長通知・最終改正平17.3.24農振2137号）

旧不登法改正通達　不動産登記法等の一部改正に伴う登記事務の取扱いについて（平5.7.30民三5319号通達）

一体的施行通達　都市再開発資金の貸付けに関する法律等の一部を改正する法律の施行等について（平11.6.30都再発112号都市局長通達，都区発49号住宅局長通達）

運用指針　土地区画整理事業運用指針（平13.12.26国都市381号国土交通省都市・地域整備局長通知）

測量作業規程　国土交通省土地区画整理事業測量作業規程及び同運用基準（平14.8.14国都市138号市街地整備課長通知）

都市再生推進事業制度要綱（平13.3.24建設省都計発35−2号・経宅37−2号・住街発23号　建設経済局長・都市局長・住宅局長通知）

マニュアル　土地区画整理事業・市街地再開発事業の一体的施行マニュアル（平14.1街づくり区画整理協会）

A4登記申請書　登記申請書のA4横書きの標準化について（平16.9.27民二2649号民事局第二課長依命通知）

不登法施行通達　不登法施行に伴う登記事務の取扱いについて（平17.

２.25 民二 457 号通達）

新申請書様式　新不動産登記法の施行に伴う登記申請書等の様式について（法務省ホームページ）

規則 13 条別記様式　土地区画整理法施行規則 13 条別記様式

代登様式　土地改良登記令等による登記申請書の様式等について（平 19. 3 .29 民二 794 号民事局長回答・民二第 795 号民事局第二課長通知）

不登記録例　不動産登記記録例の改正について（平 28. 6 . 8 民二 386 号民事局長通達）

新土地改良様式　土地改良登記令等による登記申請書の様式等について（平 19. 3 .29 民二 795 号民事局第二課長通知）

質疑 58，59　首席登記官会同協議問題に対する法務省回答（昭 58，59）

〈主な用語の略称〉

土地の表示　土地の所在する市，区，郡，町，村及び字並びに土地の地番，地目及び地積（不登令３条７号，６条１項１号，不登規則 34 条２項）

なお，不動産番号（不登規則 90 条）は，全て省略した。

従前地　従前の宅地（法 89 条ほか）

建物の表示　建物の所在，家屋番号，種類，構造及び床面積，建物の名称（不登令３条８号，６条１項１号，不登規則 34 条２項）

なお，不動産番号（不登規則 90 条）は，全て省略した。

事業　土地区画整理事業（法２条１項）

権利等　所有権及び地役権以外の権利又は処分の制限（法 89 条２項，104 条２項，登記規則８条５項）**(注)**

担保権　先取特権，質権若しくは抵当権（登記規則８条２項）

担保権以外の権利　先取特権，質権若しくは抵当権以外の権利（登記規則８条５項）

担保権又はその他の権利　担保権（先取特権，質権若しくは抵当権）又は仮登記，買戻しの特約その他権利の消滅に関する定めの登記若しくは処分の制限の登記に係る権利（法104条6項，登記規則16条3項，17条1項，19条2項）

所有権等登記　所有権の保存若しくは移転の登記又は地上権若しくは賃借権の設定若しくは移転の登記（登記規則16条3項）

変更更正登記　登記記録の変更又は更正の登記

所有名義人等　所有権の登記名義人又はこれらの相続人その他の一般承継人

表題部所有者等　表題部所有者又はこれらの相続人その他の一般承継人

登記名義人の表示　登記名義人の氏名若しくは名称及び住所

被代位者の表示　被代位者の氏名又は名称及び住所

代位申請人の表示　代位申請人の氏名又は名称及び住所

何条により　第何条の規定により

（注）

「所有権及び地役権以外の権利又は処分の制限（法89条2項，104条2項）に関する登記（登記規則8条5項）」→宅地の所有権に関する換地処分の効果は法104条1項で，地役権に関する換地処分の効果は同条4項，5項で定めている。

「所有権及び地役権以外の権利に関する登記」（登記規則8条2項）

〈参考文献〉（発行日順）

（注）文献は，例えば「細田進　鈴木猛著　改訂Q&A土地改良の理論と登記実務」については，本文中で「細田000」として引用した。

〈都市計画法関係〉

五十嵐敬喜ほか「都市計画法改正」第一法規2009.8

都市計画法制研究会「よくわかる都市計画法」ぎょうせい2010.12

国交省都市計画課編著「都市計画法の運用Q&A」（加除式）

「都市・建築・不動産企画開発マニュアル2011～2012」エクスナレッジ2011.3

坂和：坂和章平「まちづくりの法律がわかる本」学芸出版社2017.6

〈土地区画整理法関係〉

大場民男「新版縦横土地区画整理法（上下）」一粒社1995.12，2000.3

市村：齋藤一雄・市村貞雄「土地区画整理の理論と登記実務」日本加除出版1998.11

中垣治夫「区画整理と登記」（新不動産登記講座第６巻）日本評論社1999.11

地域整備局市街地整備課「土地区画整理登記の実務３版」日本土地区画整理協会2002.8

換地：「第４版　土地区画整理の換地処分」㈳全日本土地区画整理士会2014.8

逐条：市街地整備課監修「逐条解説　土地区画整理法第二次改訂版」ぎょうせい2016.3

「土地区画整理法逐条解釈第３版」街づくり区画整理協会2007.3

大場民男「土地区画整理法等を使う」三恵社2010.11

望月友美「土地区画整理事業と登記かんたんQ&A」法務通信2013.2

法令要覧：国交省市街地整備課「土地区画整理法令要覧　平成25年版」ぎょうせい2013.3

土地区画整理法制研究会編著「よくわかる土地区画整理法第２次改訂版」ぎょうせい2013.4

池田Ⅰ～Ⅳ：池田悠一「実務講座　区画整理登記と換地計画作成上の諸課題」（区画整理45-６～９）

大場：大場民男「条解・判例 土地区画整理法」日本加除出版2014.10

〈土地区画整理法・都市再開発法関係〉

鈴木：「区画整理・都市再開発」（Q&A 表示登記実務マニュアル第6章・鈴木修執筆部分）（加除式）新日本法規

市街地整備法制研究会編集「市街地再開発・土地区画整理事業の新たな展開　―改正都市再開発法等の解説―」2002. 9 ぎょうせい

マニュアル：「土地区画整理事業・市街地再開発事業一体的施行マニュアル」街づくり区画整理協会 2002. 1

都計実務：安本典夫・兵庫県司法書士会「都市計画・区画整理・都市再開発の実務と登記」民事法研究会 2003. 7

市街地整備法制研究会「土地区画整理法・都市再開発法の解説 QA」ぎょうせい 2005. 9

上原詩織ほか「地方都市における土地区画整理事業と市街地再開発事業の一体的施行に関する研究」日本建築学会中部支部研究報告書第 33 巻 2010. 3

国交省，加藤政彦「区画整理と再開発の連携」（区画整理 54-5，10，16）

まち登：五十嵐徹「まちづくり登記法」日本加除出版 2012.11

〈都市再開発法関係〉

都市再開発法制研究会「逐条解説改訂7版　都市再開発法解説」大成出版社 2010. 5

「逐条都市再開発法 18 版」再開発コーディネーター協会 2012. 5

都市再開発研究会「実務問答都市再開発」（加除式）ぎょうせい

〈その他関係法〉

密集市街地法制研究会編著「密集市街地整備法詳解」第一法規 2011. 3

都市計画法制研究会編著「被災市街地復興特別措置法の解説増補版」ぎょうせい 2011. 7

民事局第三課「不動産登記法の一部を改正する法律の施行に伴う登記事

務の取扱いについて―細則，準則及び基本通達の解説―」（登記研究551-１）

河合：河合芳光「不動産登記令の解説」（平成16年改正不動産登記法と登記実務（解説編）テイハン 2005.11

河合ら：「不動産登記特例型政令の整備についての解説」（同上）

実務登記法令研究会編「新不動産登記実務必携」民事法研究会 2007.７

新 QA１～５：中村隆ら「新版 Q&A 表示に関する登記の実務第１巻～５巻」日本加除出版 2007.１～2008.12

マン登：五十嵐徹「第５版マンション登記法」日本加除出版 2018.３

細田：細田進・鈴木猛「改訂 Q&A 土地改良の理論と登記実務」日本加除出版 2012.１

日本司法書士連合会編「全訂 Q&A 不動産登記オンライン申請の実務―特例方式」日本加除出版 2013.５

【目 次】

3　換地処分による登記…… 131

1　都市計画事業

都市計画法（以下「都計法」という。）は，我が国における都市計画制度の基礎となる法律である。

①　都市計画の具体的内容は，地域地区（都計法８条３項，1：1：2：1）については指定要件及び指定効果等，都市施設（同法11条，1：1：2：7）については事業内容及び管理内容等，市街地開発事業（同法12条，1：1：3）については事業内容等をそれぞれ定めている。さらに都計法は，市街化区域及び市街化調整区域の区域区分（同法７条）をはじめとして基本的な土地利用規制についても定めており，他の土地関係法制とも密接に関連する。

②　都市計画で施行区域を定めた市街地開発事業は，個人施行等の例外のほかは，すべて都市計画事業として施行しなければならない。

そのうち都市計画区域（同法５条，1：1：1）内の土地について，公共施設の整備改善及び宅地の利用の増進を図るため行われる「土地の区画形質の変更」及び「公共施設の新設又は変更」に関する事業を土地区画整理事業という（土地区画整理法（以下「法」という。）２条１項）。

「土地の区画形質の変更」とは，土地の区画割り又は形状土質に変更を加えることをいう。換地処分を手法とするものに限られる。

「公共施設の新設又は変更」とは，公共施設の新たな設置，位置・種類の変更，付け替え，拡幅などをいうが，不要となる公共施設を廃止することもある（法77条１項，95条６項，105条１項）。

1：1　都市計画法の規制を受ける土地

1：1：1　都市計画区域

健康で文化的な都市生活と機能的な都市活動を確保するという都市計画の基本理念を達成するために都計法その他の法令の規制を受けるべき土地として指定した区域を「都市計画区域」という（都計法５条）。

具体的には，市町村の中心の市街地を含み，かつ，自然的及び社会的条件並びに人口，土地利用，交通量等の現況及び推移を勘案して，都市として総合的に整備し，開発し，及び保全する必要がある区域（同条1項）のほか，首都圏整備法等による都市開発区域その他新たに住居都市，工業都市その他の都市として開発し，及び保全する必要がある区域を都市計画区域として指定する。都市計画区域の指定により，次の効果がある。

1:1:1:1　都市計画の策定

都市計画は，一部は準都市計画区域内において（同法5条の2），また，都市施設に関する都市計画は，例外的に都市計画区域外において定めることができる（同法11条後段）ほかは，都市計画区域内において策定される。

1:1:1:2　開発行為

開発行為とは，建築物の建築等のために行う土地の区画形質の変更をいう（都計法4条12項）。一定の開発行為をしようとする者は，都道府県知事又は指定都市等の長（以下「都道府県知事等」という。）の許可を受けなければならない（同法29条1項）。ただし，土地区画整理事業の施行として行う開発行為は，この限りでない（同項ただし書5号）。

1:1:1:3　建築確認

都市計画区域内において建築物を建築しようとする場合は，原則として，建築主事の確認を受けなければならない（建基法6条）。

1:1:1:4　市街地開発事業

市街地開発事業（都計法12条1項各号，1：1：3）とは，都市計画区域内の一定の区域について，地方公共団体等が公共施設の整備と宅地又は建築物の整備を総合的に行う面的な開発事業をいう。(注)

非都市計画事業として施行される個人施行又は組合施行の土地区画整理事業及び住宅街区整備事業並びに個人施行の市街地再開発事業及び防災街区整備事業もすべて都市計画区域内において行われなければならない（法2条1項，大都市法24条1項，29条1項，2項，都再法2条の2第1項，密集法118条1項，119条1項）。

なお，都市計画区域外については，平成12年に準都市計画区域の制度が定められている（都計法５条の２）。

（注）　12 条は，「市街地開発事業について都市計画に定めるべき事項は，この法律に定めるもののほか，別に法律で定める」（４項）と「丸投げ」している（坂54）。

1：1：2　地区指定

1:1:2:1　地域地区

都計法８条１項各号に掲げる地域，地区又は街区を「地域地区」という。都市の区域内の土地は，機能的に異なるいくつかの地域に分化するが，このような土地利用に計画性を与え，適正な制限のもとに土地の合理的な利用を図るとするものである（注１）。

そのため，都市計画区域内の土地をどのような用途にどの程度利用すべきかを地域地区に関する都市計画として定め，建築物の用途，容積，構造等に関し一定の制限を加え，あるいは土地の区画形質の変更，木竹の伐採等に制限を加えることにより，その適正な利用と保全を図っている（都計法８条３項）。

地域地区ごとの具体的な建築物の規制等は，建基法（48 条，52 条～ 57 条）等に委ねている（都計法 10 条）。

用途地域は，土地の用途を住居・商業・工業系に分類して，用途地域ごとに建築物の用途と形態を規制する（注２）。

（注１）　地域地区は，次のとおりである（都計法８条１項各号）。

a　用途地域，特別用途地区，特定用途制限地域地区

b　高度地区，高度利用地区，特定容積率適用地区，高層住居誘導地区

c　風致地区，景観地区，歴史的風土特別保存地区，緑地保全地域等

d　流通業務地区，臨海地区等

e　防火地域，準防火地域，航空機騒音障害防止地区等

f　都市再生特別地区

（注２）　用途地域は，次の 12 種類である（都計法８条１項１号）。

第一種・第二種低層住居専用区域，第一種・第二種中高層住居専用地域，

第一種・第二種住居地域，準住居地域，近隣商業・商業地域，
準工業・工業・工業専用地域

1:1:2:2　高度地区

都市計画区域について定める地域地区内において市街地の環境を維持し，又は土地利用の増進を図るため，建築物の高さの最高限度又は最低限度を定める地区を「高度地区」という（都計法1項3号，9条17項）。最低限度を規制する高度地区は，土地の高度利用の増進を目的とし，最高限度を規制する高度地区は，市街地環境の維持・保全・形成を目的にしている。この地区内の建築物の高さは，高度地区に関する都市計画で定められた内容に適合するものでなければならない（建基法58条）。

1:1:2:3　高度利用地区

地域地区内の市街地における土地の合理的かつ健全な高度利用と都市機能の更新とを図るため，建築物の容積率の最高限度及び最低限度，建ぺい率の最高限度，建築面積の最低限度並びに壁面の位置の制限を定める地区を「高度利用地区」という（都計法8条1項3号，9条18項）。都再法に基づく市街地再開発事業に関する都市計画は，高度利用地区内ですることができるので（都再法3条1項，3条の2第1項），高度利用地区の指定に当たっては，市街地再開発事業の施行との関連について留意する必要がある。

1:1:2:4　特定街区

市街地の整備改善を図るため街区の整備又は造成が行われる地区を「特定街区」という（都計法8条1項4号，9条19項）。容積率，建築物の高さの最高限度及び壁面の位置の制限は都市計画で特別に定められ，用途地域内での容積率，建ぺい率，高さ，斜線制限等の一般的な規制はすべて適用されない（建基法60条）。このため特定街区に関する都市計画案を定める場合は，土地所有者等の利害関係を有する者の同意を得なければならない（都計法17条3項）。

事業者は，特定街区を活用することによって，一定の有効空地を確保する代わりに，容積率の割増しが可能となり，また，建ぺい率や高さ制限が緩和

され，敷地の有効・高度利用が可能となる。

1:1:2:5　促進区域

促進区域は，土地所有者等に一定期間内に一定の土地利用を義務づけることによって積極的な土地利用を実現させる制度である（都計法10条の2第1項各号）。次の4種類がある。

a　市街地再開発促進区域（都再法7条1項）

b　土地区画整理促進区域（大都市法5条1項）

c　住宅街区整備促進区域（同法24条1項）

d　拠点業務市街地整備土地区画整理促進区域（地方拠点法19条1項）

都市計画には，土地利用に関する計画，都市施設の整備に関する計画及び市街地開発事業に関する計画があるが（都計法4条1項），促進区域は，これらのうち，区域区分に関する都市計画並びに地域地区に関する都市計画とともに，土地利用に関する計画として位置付けられる。

促進区域で行われる市街地開発事業は，いずれも区域内の宅地において所有権又は借地権を有する者が事業を行う場合と法定事業でなく建築確認及び開発許可により促進区域の実現のための事業を行う場合がある。都市計画の決定後一定期限（2年，3年，5年）内に事業が行われない場合は，市町村等が代わって事業を行わなければならない。

1:1:2:6　被災市街地復興推進地域

都市計画決定権者である市町村は，「都市計画区域内における市街地の土地の区域」で，要件を充足する場合は，土地の区域を都市計画に「被災市街地復興推進地域」として定めることができ（被災法5条1項），復興共同住宅区として，土地区画整理事業の特例措置が講じられている（同法10条以下，1：8）。

地域内での土地の区画形質の変更及び建築行為等は知事の許可制となる（同法7条1項，2項）。

なお，都市再生特別地区（1：1：2：1（注1）f）は地域地区の一つとされたが，この推進地域は，地域地区の一つとはされず，土地利用に関する都市計画の新しいカテゴリーとして位置付けられた（坂和60）。

1:1:2:7　都市施設

都市計画において定められるべき都計法11条1項各号に掲げる14種類の施設を「都市施設」という。都市生活を営む上で必要とされる施設であり，同各号は，都市施設を機能別に列挙して，その範囲を明確にしている。特に必要があるときは，都市計画区域外においても，これらの施設を定めることができる（同法11条1項）。都市計画で定めた都市施設を「都市計画施設」という。

都市施設の都市計画基準は，同法13条で定めている。

1：1：3　市街地開発事業

都市計画において施行区域が定められた市街地開発事業は，すべて都市計画事業として施行する必要がある（法3条の4，都再法6条等）。この趣旨は，市街地開発事業が面積的に大規模であり，かつ，広範囲の権利者に対して影響を及ぼすので，事業の公正を図るため，あらかじめ都市計画として定めた上で，さらに都市計画事業として行うことにしたのである。

土地区画整理事業を含む「市街地開発事業」（都計法12条1項各号の7種類の事業）は，「市街化区域内において，一体的に開発し，又は整備する必要がある土地の区域について定めること」（同法13条1項12号）とし，2以上の都市計画区域にまたがる市街地開発事業は認めない趣旨であると解されている。2以上の都市計画区域にまたがって市街地開発事業の適地がある場合は，都市計画区域を1つにして事業の計画決定をしなければならない。

1：1：4　市街地開発事業等予定区域等

大規模な宅地開発又は都市施設に適した区域について，放置すれば乱開発等によって計画的な宅地開発等に支障を来すおそれがある区域を予定区域として指定し（都計法12条の2，6種類），施行予定者も定める（同法12条の3）。予定区域内では，土地の形質変更及び建築等が規制される（同法52条の2～5）。

このほか，景観地区における建築物の規制（都計法8条1項6号，建基法68

条）及び都市再生特別地区における建築制限の緩和（都計法８条１項４号の２，建基法60条の２）などがある。

【別表１】　都市計画事業と市街地再開発事業の関係

事業(根拠法)	施行者	都市計画施行区域	都市計画事業で施行
土地区画整理事業 (土整法)	個人, 組合, 会社	不要３Ⅰ～Ⅲ(注１)	不要
	公共団体(注２)	要３Ⅳ, ３の２, ３	要３の４
新住宅市街地開発事業 (新住宅法)	地方公共団体, 地方住宅供給公社	—	要５
工業団地造成事業	(首都圏整備法) 公共団体	要３条の２	要６条
	(近畿圏整備法) 公共団体	要５条の２	要６条
市街地再開発事業 (都再法)	個人	不要２の２Ⅰ	不要
	組合, 会社, 公共団体	要２の２Ⅱ～Ⅵ	要６Ⅰ
新都市基盤整備事業 (新都市法)	地方公共団体	—	要５Ⅰ
住宅街区整備事業 (大都市法)	個人, 組合	不要	不要
	公共団体	要29	要32Ⅰ
防災街区整備事業 (密集法)	個人	—	不要
	組合, 会社, 公共団体	—	要119

（まち登６ページ「別表２」による。）

（注１）　３Ⅰは，土地区画整理法３条１項の略である。以下同じ。

（注２）　公共団体には，都道府県，市町村，国土交通大臣，都市再生機構，地方住宅供給公社がある。

１：２　都市計画法と土地区画整理事業

1:2:1　都市計画事業と土地区画整理事業の関係

土地区画整理事業は，都計法12条で定める市街地開発事業の一つであり，その多くは，都市計画事業（同法59条～，法３条の４第１項）として施行される。

個人及び土地区画整理組合以外の施行者による土地区画整理事業は，施行区域（都市計画で土地区画整理事業を定めた区域・法２条８項）の土地において施行することができる（法３条４項）。したがって，個人及び土地区画整理組合以外の施行者による土地区画整理事業は，すべて都市計画事業として施行されることになる。

なお，個人及び土地区画整理組合が施行者の場合においても，施行区域で施行することは可能であり，その場合は，都市計画事業として施行される。

1:2:2　土地区画整理事業における都市計画法の適用

都市計画事業として施行される土地区画整理事業については，原則として，都市計画法が適用される。しかし，都計法60条から74条までの規定は適用されない（法３条の４第２項）。これは，法が，次のように規定しているからである。

a　事業の認可手続（都計法60条～64条）について，独自の事業認可手続に関する規定を設けていること。

b　建築等の制限規定（都計法65条）に代わる独自の建築行為等の制限規定を設けていること。

c　土地区画整理事業が換地という手法を採用し，先買い及び収用に関する規定（都計法56条～64条）を適用する必要がないこと。

なお，都市計画事業を施行するには，都道府県知事の認可（都計法59条）を受けなければならないが，法の認可又は決定は，都計法の認可とみなされている（法４条２項ほか）。

1:2:3　土地区画整理事業の施行区域の制限

土地区画整理事業は，都市計画区域内でなければ施行することができない（法２条１項）。また，市街地開発事業（1:1:3）の都市計画に定める施行区域は，市街化区域（注）内において定めるものとしている（都計法13条１項７号）。したがって，都市計画事業として施行される土地区画整理事業は，市街化区域内において施行されることになる。

（注）　都市計画区域について必要があるときは，市街化区域と市街化調整区域との区分（区域区分）を定めることができる（都計法７条）。

1：2：4　施行者

土地区画整理事業を施行できる者は，次のとおりである。施行区域の土地についての土地区画整理事業は，個人施行，組合施行であっても，すべて都市計画事業として施行する（法３条の４）。

1:2:4:1　個人施行者

宅地の所有権若しくは借地権を有する者は，一人で，又は数人共同して，施行することができる（法３条１項本文）。

農住組合（農住組合法８条）及び防災街区計画整備組合（密集法40条）も個人施行者と見なされることがある。

個人施行者は，事業の施行について都道府県知事の認可を受けなければならない（法４条１項）。

1:2:4:2　同意施行者

宅地について所有権若しくは借地権を有する者の同意を得た者として，独立行政法人都市再生機構（法３条の２，71条の２）及び地方住宅供給公社（法３条の３，71条の２～）のほか，政令で定めた地方公共団体，日本勤労者住宅協会，地方公共団体の出資又は拠出に係る法人及び宅地を造成して賃貸し，又は譲渡する事業をする法人（法３条１項，令67条の２）も施行することができる。

1:2:4:3　土地区画整理組合

宅地の所有権若しくは借地権を有する者が設立する土地区画整理組合は，権利の目的である宅地を含む一定の区域の土地（組合設立に同意しなかった者の宅地及び国又は地方公共団体の所有する公共施設用地を含む。）について事業を施行することができる（同条２項，14条～）。

【判例１】 組合の設立認可処分及び組合員の原告適格

① 土地区画整理組合の設立認可は，抗告訴訟の対象となる行政処分に当たる。

組合の設立認可は，単に設立認可申請に係る組合の事業計画を確定させる（法20条，21条３項）だけではなく，組合の事業施行地区内の宅地について所有権又は借地権を有する者をすべて強制的に組合員とする公法上の法人である組合を成立させ（法21条５項，22条，25条１項），事業を施行する権限を付与する効力を有するものであるから（法３条２項，14条２項），抗告訴訟の対象となる行政処分であると解する。

② 土地区画整理組合の事業施行地区内の宅地の所有者は，事業施行に伴う処分を受けるおそれのあるときは，同組合の設立認可処分の無効確認訴訟について原告適格を有する。

組合員は，組合の成立に伴い，各種の権利を有するとともに，組合の事業経費を分担する義務を負うから，組合の設立認可処分の効力を争うについて法律上の利益を有すると解するのが相当である（最三小判昭60.12.17民集39－8－1821）。

【判例２】 組合の設立認可処分の取消し

組合の設立認可処分について，定款及び事業計画について権利者の３分の２以上の同意（法18条）がないとして取り消された事例（静岡地判平15.２.14判タ1172-150）。なお，法18条は，平成11年に改正され，定款，事業計画又は事業基本方針についての同意で足りることとなった。事業基本方針については，設立認可時までの資金計画の記載が要求されている（規則10条の２）。

1:2:4:4 区画整理会社

宅地について所有権又は借地権を有する者を株主とする株式会社で一定の要件の全てに該当するものは，その所有権又は借地権の目的である宅地を含む一定の区域の土地について，事業を施行することができる（法３条３項，51条の２～51条の13）。

1:2:4:5 都道府県又は市町村

普通地方公共団体（地自法１条の３第１項，２項）である都道府県又は市町村は，事業を施行できる（法３条４項，52条～65条）。

なお，特別区については地自法281条２項及び283条３項により，地方公共団体の組合については同法292条により，施行できるよう手当てしている。

1:2:4:6　国土交通大臣

国土交通大臣は，特別の事情により急施行を要すると認められるもののうち，

a　同大臣が施行する公共施設に関する工事と併せて施行することが必要と認められるもの

b　普通地方公共団体が施行することが著しく困難若しくは不適当であると認められるもの

については，自ら施行し，

c　その他のもの

については，普通地方公共団体に施行すべきことを指示することができる（法３条５項，66条～）。

もっとも，現在までに大臣が施行した例はないようである。

1:2:4:7　その他

そのほかに独立行政法人都市再生機構（法３条の２）及び地方住宅供給公社（法３条の３）が施行することもある。

1:2:5　土地区画整理事業の特色

土地区画整理事業には，次のような特色がある（運用指針Ⅲ-２参照）。

① 不整形な残地を生ずることがないので，総合的かつ一体的に面として整備することができる。道路に面していた宅地は，原則として，従前と同様に新たな道路に面することになるとともに，立退きや移転先の心配をする必要がない。また，道路用地等に含まれる土地の所有者だけが立退きさせられ，道路に面していなかった土地の所有者が新設の道路に面するという不公平がない。

② 面的整備であるので莫大な費用を要し，かつ，複雑・多岐にわたる権利関係を調整する必要があるため，合意形成が難しい。

③　土地区画整理事業は，公共施設用地及び事業費にその売却代金を充てる保留地を生み出すために減歩を伴う。このため，減歩により敷地の利用が困難になることが少なくなったり，公共用地や事業費を賄う保留地を捻出することに無理が生ずることがある。

④　土地区画整理事業は，土地についての事業であり，建物や街づくりは，事業の枠外に置かれている。

1：3　土地区画整理事業の施行

【図１】　土地区画整理事業の流れ

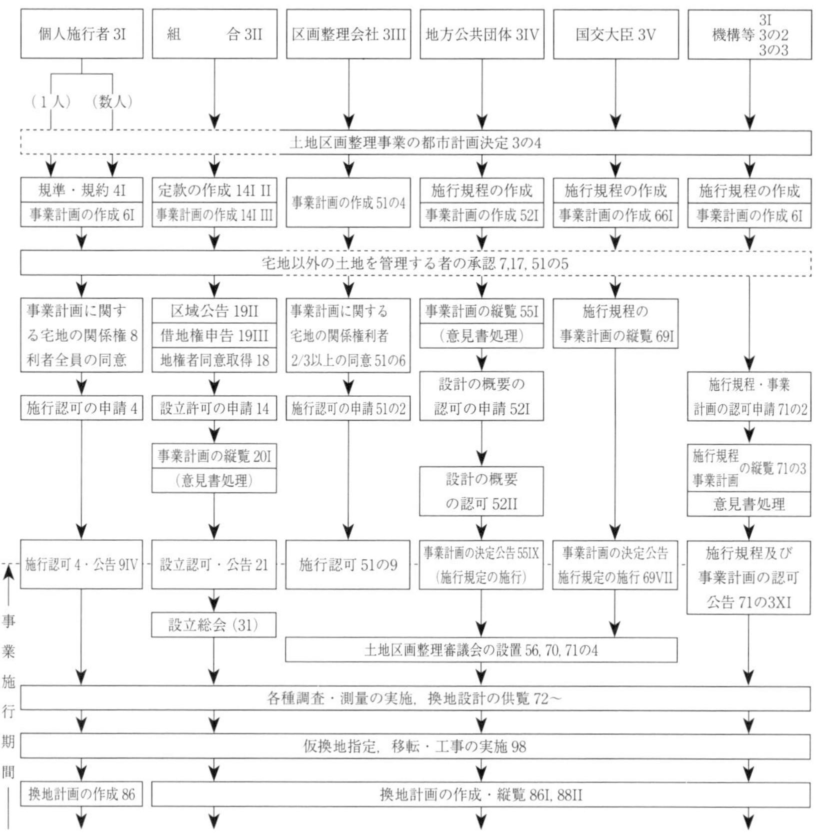

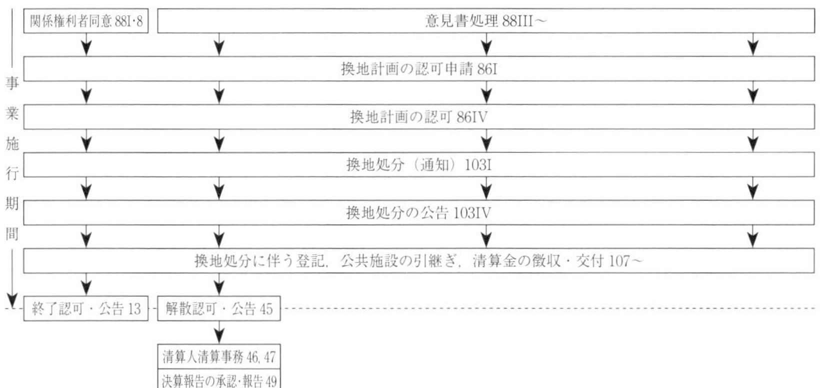

1：3：1　都市計画決定

土地区画整理事業に関する都市計画は，都道府県が関係市町村の意見を聴き，都市計画審議会の議を経て，決定する（法 18 条 1 項）。ただし，小規模（施行面積 50 ヘクタール以下）の土地区画整理事業（都市計画法施行令（以下「都計令」という。）10 条 1 号）の場合は，必ずしも都市計画決定を必要としない（都計法 15 条 1 項 6 号）。

1：3：2　事業計画等の決定又は認可

① 施行者は，原則として，事業計画及び規準，規約，定款又は施行規程を定め，関係権利者の同意（法 8 条）などの定められた手続を経て認可を受け，又は決定しなければならない。そして，施行認可の公告，土地区画整理組合設立認可の公告，事業計画決定の公告又は施行規程及び事業計画認可の公告をしなければならない（法 4 条・9 条）。次のような場合は，事業計画について，優先的に建設させる等の区域を定め，換地の特例（法 89 条の 2 ～ 4）としている【末尾資料】。

　a　住宅先行建設区（法 6 条 2 項，3 項）

　b　市街地再開発事業区（同条 4 項，5 項）

　c　高度利用推進区（同条 6 項）

② 事業計画を定めるに当たっての留意事項等は，法 6 条 8 項～ 11 項で定

めている。

③　施行認可の規準等は，法９条で定めている。

④　施行者は，事業施行の認可の公告（法76条１項各号）があった場合は，登記所に土地区画整理法施行規則（以下「規則」という。）21条で定める事項を届け出なければならない（法83条）。

【判例３】　事業計画の決定

市町村施行に係る事業計画の決定は，宅地所有者等の法的地位に変動をもたらすものであって，抗告訴訟の対象とするに足りる法的効果を有するので，行訴法３条２項にいう「行政庁の処分」に当たるとして，最高裁は，従来の判例（最大判昭41.２.23民集20-２-71及び最三小判平４.10.６判例集民事166-41）を変更した（最大破棄自判平20.９.10民集62-８-2029，判時2010-５，判例評論615）

1：3：3　事業の廃止又は終了

個人施行者が事業を廃止し，又は終了しようとする場合は，次の手続を取らなければならない（法13条）。

a　都道府県知事の認可を得ること。

b　住宅先行建設区が定められている場合は，原則として，事業終了の認可を禁止すること。

c　借入金があるときは，廃止につて債権者の同意を得ること。

d　都道府県知事は，事業の廃止又は終了の認可をした場合は，遅滞なく，その旨の公告をすること。

個人施行者は，ｄの公告があるまでは，事業の廃止又は終了をもって第三者に対抗することはできない（法９条５項準用）。

1：3：4　土地の分割合併の代位登記

施行者は，事業施行のために必要がある場合は，所有者に代わって土地の分割又は合併の手続（注）をすることができる（法82条１項）。また，登記所への届出をする場合に，１筆の土地が施行地区の内外又は２以上の工区にわたるときは，土地の分割の手続をしなければならない（同条２項）。

申請期間は，登記所への届出から換地計画の認可公告までである。土地区画整理登記令（以下「登記令」という。）２条の代位登記とは別である。

（注）　現行の不登法は，建物については，「分割・合併」の登記と表記しているが（不登法54条など），土地の登記手続に関しては，旧不登法（81条ノ２第２項ほか）のように「分割・合併」という表現は用いていないので（不登法39条，不登規則35条１号など），原則として，「分筆・合筆」と表記する（ただし，２:３:１【参考８】）。

なお，土地の分筆登記の取扱については，平16.２.23民二492号民事局第二課長通知（１:５:７:３④）参照。

1:3:5　換地計画

換地計画（１：４）とは，事業計画で定められた道路，公園等の公共施設の配置に合わせて，個々の宅地の再配置を定める計画をいう。換地処分（１：９）は，この換地計画に基づき行われる。施行者が個人，組合，区画整理会社，市町村又は機構等の場合は，換地計画について都道府県知事の認可を受けなければならない（法86条１項，１:４:４）。

施行地区が工区に分かれている場合は，換地計画は，工区ごとに定めることができる（同条３項）。

換地計画に係る区域に市街地再開発事業の施行地区（都再法２条３号）が含まれている場合は，同事業の施行に支障を及ぼさないと認めるときでなければ認可をしてはならない（同条５項，なお，都再法76条２項参照）。

1:3:6　仮換地の指定

換地計画に基づく換地処分により，従前の宅地（以下「従前地」という。）に関する権利は換地上に移行することになるが，施行者は，換地処分を行う前に，施行地区内の宅地所有者又は使用収益権者に対し，仮に使用収益することができる仮換地（１：５）を指定することができる（法98条）。

1:3:7　仮換地指定と換地計画との関連

仮換地の指定は，換地計画の決定の基準を考慮してしなければならない

（法98条2項）。したがって，仮換地を指定する場合には，換地計画に適用される「照応の原則」（換地及び従前地の位置等が照応するように定めなければならないこと（法89条1項）。）に従う必要があるが，換地計画と同様に，例外規定の適用も受ける（1：5：5）。

仮換地の指定処分には，換地予定地的仮換地指定と一時利用地的仮換地指定があり（1：5：1），後者の場合は，将来，換地となることが予定されていないので，換地計画に基づかないで仮換地として指定することになる。仮換地指定のほとんどは前者であり，この場合は，換地計画に基づかなければならないというのが法律の趣旨であると思われる。しかし，実際には，換地計画に基づかない仮換地の指定が数多く行われており，判例は，法98条1項前段の「土地の区画形質の変更若しくは公共施設の新設若しくは変更に係る工事のため必要がある場合」には，事業の規模の大小にかかわらず，また，換地予定地的仮換地の指定処分をするときでも，換地計画に基づくことを要しないものと解するのが相当であるとしている（最三小判昭60.12.17民集39-8-1821，1：5：5③）。

1：3：8　建築物等の移転及び除却等

仮換地の指定に伴って，従前地上に存する建築物等を仮換地上に移転し，又は除却する（法77条1項）。道路等の公共施設の工事も実施される。施行者が建築物等の移転・除却を実施できるのは，次の場合である。

a　施行者が法98条1項により仮換地を指定した場合又は仮換地について仮に権利の目的となるべき宅地若しくはその部分を指定した場合

b　施行者が法100条1項により従前の宅地又はその部分について換地を定めないため，仮換地を指定しないで，その使用収益を停止させた場合

c　公共施設の変更又は廃止に関する工事を施行する場合（注）

建築物等の移転又は除却によって，建物の分割，合併，滅失，構造の変更，床面積の変更又は所在地番の変更があった場合，施行者は，建物の表題部の変更登記又は滅失登記を申請しなければならない（登記令20条）。

（注）　この工事は，aによってカバーできるから，本文から削除すべきであると

する見解がある（大場 390）。

1:3:9　換地計画の決定及び認可

① 換地計画は，事業計画（法４条１項）で定められた道路，公園等の公共施設の配置に合わせて，個々の宅地の再配置を定め，換地処分は，この換地計画に基づき行われる。施行者が個人，組合，区画整理会社，市町村又は機構等の場合は，換地計画について都道府県知事の認可を受けなければならない（法 86 条１項）。

② 施行地区が工区に分かれている場合には，換地計画は，工区ごとに定めることができる（同条３項）。

③ 換地計画に係る区域に市街地再開発事業の施行地区（都再法２条３号）が含まれている場合は，その再開発事業の施行に支障を来さないと認めるときでなければ，①の認可をしてはならない（同条５項，都再法 76 条２項）。

④ 換地計画の認可は，それ自体では，土地所有者等に対して，何らの法的効果を及ぼすものではなく，都道府県知事の組合等に対する監督権の行使としての行政権相互の内部的意思表示にすぎないから，抗告訴訟の対象とならない（大場 452）。

1:3:10　換地処分

施行者は，換地計画に係る区域の全部について土地区画整理事業の工事が完了した後に，遅滞なく，「関係権利者」に換地計画において定められた関係事項を通知しなければならない（法 103 条１項，２項）。これを換地処分という（1：9）。具体的には，各筆換地明細書や各筆各権利別清算金明細書等（法 87 条１項）を用いて通知する。

換地処分をした場合，国土交通大臣を除く施行者は，都道府県知事にその旨を届け出て，都道府県知事はその旨を公告する（法 103 条３項，４項）。

その主な効果は，次のとおりである（法 104 条）。

a　換地計画において定められた換地は，その公告があった日の翌日から従前地とみなされる。

b　換地を定められなかった従前地の権利は，公告のあった日が終了したときに消滅する。

c　清算金は，換地処分の効力発生日に確定する。

d　保留地は，換地処分の効力発生日に施行者が取得する。

e　公共施設の用地は，効力発生日にそれぞれの公共施設管理者に帰属する。

1：3：11　換地処分に伴う登記

施行者は，換地処分の公告後，直ちに施行地区を管轄する登記所に通知し，施行地区内の土地，建物について事業の施行によって変動があったときは，変動に係る登記手続をしなければならない（法107条1項，2項，3：4）。

1：3：12　清算

施行者は，換地と従前の宅地の権利の価額に不均衡が生じている場合は，清算金を徴収し，又は交付して清算しなければならない（法110条1項）。

1：3：13　施行者等の変動と地権者の変更

事業を施行しようとする者，組合を設立しようとする者，施行者，施行に係る土地等について権利を有する者の変更があった場合，本法令等により，従前のこれらの者がした処分，手続その他の行為は，新たにこれらの者となった者対してしたものとみなす（法129条）。

事業の連続性・安定性を確保するために認められたものである。

【判例4】　清算交付金請求権

土地区画整理事業による換地処分の確定後換地につき売買による所有権の移転があつても，右換地に関する清算交付金請求権は，整理事業施行者に対する関係において，当然にはこれに伴つて移転しない。すなわち，法129条の適用はない（最二小判昭48.12.21民集27-11-1649）。

【参考1】　土地区画整理事業地内の土地を表す用語

土地区画整理事業地内の土地の取引及び登記において頻繁に出てくる土地を表す用語は，次のとおりである。

1　宅地

不動産登記においては，土地の表示に関する登記の登記事項である地目（不登法34条1項3号，不登規則99条）のうち「建物の敷地及びその維持若しくは効用を果たすために必要な土地」（不登準則68条(3)）をいう。しかし，法は，「道路，公園，広場，河川その他政令（67条）で定める公共施設（法2条5項）の用に供されている国又は地方公共団体の所有する土地以外の土地」をすべて宅地と定義している（同条6項）。したがって，農地や公衆用道路であっても，民間が所有する土地は，すべて宅地ということになる。また，法に規定する公共施設以外の公益施設（市役所，学校，図書館等）の敷地となっている国又は地方公共団体の所有する土地も当然に宅地とされる。

2　従前地

土地区画整理事業では，従前の不整形で使い勝手の悪い土地の区画形質を変更し，整然とした宅地を形成することによりその利用度を向上させる。この事業において地権者が以前から所有している土地を「従前の宅地（従前地）」という（法89条1項など）。

土地区画整理事業により現地に従前地の形状がなくなっても，所有権の移転登記は，この従前地をその対象とする。土地の分筆登記も同様である。

3　換地

土地区画整理事業の換地処分で，従前地の代わりに地権者に与えられる土地を「換地」という。換地処分によって，従前地の権利は，すべて換地に承継されたとみなされる（法104条）。換地は，原則として「宅地」となり，道路に接した利用しやすい土地となる。

換地には，次の態様がある。

① 1筆の従前地が1筆に換地される「1対1の換地」
② 1筆の従前地が複数の筆に換地される「分割換地」
③ 複数の従前地を1筆の換地にまとめる「合併換地」
④ 従前地とほとんど同じ場所に換地される「原位置換地」又は「現地換地」
⑤ 大きな街路や学校公園を造成するために離れた土地を換地とする「飛び換地」

4　仮換地

従前地が換地処分を受けるまでの間，従前地に代わって仮に使用収益をすることができる土地として施行者から指定された土地を「仮換地」という（法98条1項）。

仮換地の指定通知により，従前地の権利者にその位置形状が示され，換地の予定地として使用収益が認められることになる。ただし，設計上と実際の工事の違いなどにより，必ずしもその面積や土地の辺長が同一にならいことに注意すべきである。

また，仮換地は，工事の進捗状況により，暫定的な使用収益の範囲として施行者から指定され，後に再度指定の変更をされることもある。

5　保留地

土地区画整理事業では，その施行費用の全部又は一部に充てるため，事業計画に定めるところにより，従前地の中から一定の土地を換地を定めないで捻出した土地を保留地として定めることができる（法96条1項）。この保留地は，従前地を減歩（「保留地減歩」という。）した中から生み出されるもので，施行者は，換地処分によりいったんその所有権を取得し，これを処分して事業費に充当する。

なお，施行者は，仮換地指定により従前地の使用収益を停止した保留地予定地について，保留地購入者の使用収益を認めることができる。

6　底地

底地とは，本来は，借地権付の土地（宅地）の所有権のことをいう。所有権には，その物を「使用」「収益」「処分」する権能が含まれるが，底地の所有権者には，このうち直接の使用収益権能がないことになる。

仮換地や保留地の位置に事業前から存在する土地（従前の地番の土地）を「底地」という。土地の造成工事が進んでくると，仮換地や保留地の形状は明確になるが，元々の土地の形状は分からなくなる。そこで，これらを重ね図により確認することになる。底地は，その仮換地や保留地の位置に存在していた土地である。

底地が従前地となることもあるが，従前地になるとは限らない。従前地を所有していた地権者が，従前地から離れた位置に仮換地を指定されることは珍しくない。「原位置換地」や「飛び換地」である。

従前地と仮換地は，権利関係で区画整理事業上前後の関係，底地と仮換地は，物理的位置関係で区画整理事業上前後の関係にあるといえる。

7　基準地積

換地設計や精算の前提として土地の評価をする際に基準とする土地の面積を基準地積といい，区画整理前の宅地すべてについて定める（1：4：5：3～1：4：5：5）。

その方法は，規準又は規約（個人施行の場合），定款（組合施行の場合），施行規程（公共団体等施行の場合）により定める（令1条2項）。一定の基準によって公平に定められればよく，実測地積とは限らない。

基準地積は，次の方法により定められる。

①　各筆の実測地積による方法

　施行者が各筆の実測を行い，その実測地積を基準地積とする方法である。

この方法は，土地の形状や土地の面積等を把握するのに一番明確な方法であるが，多額の費用を必要とし，地権者の指定される換地の減歩率に影響する。厳密に測量しても事業によって変更され，換地処分後は使用されないので，すべての事業で採用されているものではない。

②　土地登記記録の地積による方法

土地登記記録の地積をそのまま基準地積とし，例外的に，登記地積と実測地積に差がある場合は，一定の期間内に土地所有者から基準地積の更正申請を受け，施行者が地積を確認したものを基準地積とすることがある。

地区全体について実測値と著しい違いがあり，その縄伸び率も一定でない場合は，採用し難い方法であるが，一部地区に違いがある場合は，地権者の責任で更正申請の余地を残すことにより，採用されている一般的な定め方である。

③　測量増減地積を土地登記記録地積で按分する方法

登記地積と実測地積に比較的大きな差がある地区で，先に一定の期間内に土地所有者から基準地積の申請を受け，施行者が確認した土地については，その地積を基準地積とし，その他の土地については，施行者が道路，水路等によって囲まれた街区の地積を実測し，その街区の登記地積の合計と実測地積とに差異があった場合には，その差をその街区内の登記地積で按分し，更正した地積を基準地積とする方法である。

公図の沿革から考えて，縄のびがあったとしても，分筆登記等を除けば，道路や水路等で囲まれた街区内の土地の縄伸び率は一定であると推測される場合に採用されることがある。

【参考２】　土地区画整理事業地内の土地の境界

従前地は，換地処分によって新しい土地に生まれ変わり，これにより，土地の境界（筆界）も新たに生まれる。

1　筆界

筆界とは，表題登記がある１筆の土地とこれに隣接する他の土地（表題登記がない土地を含む。）との間において，当該１筆の土地が登記された時に境界を構成するとされた，２以上の点及びこれらを結ぶ直線である（不登法123条1号）。

登記されている公法上の境界が筆界である。筆界は，明治初期の地租改正で定められ，土地の所有者同士の合意によっては変更できないものであるが，例外として，換地処分によって生み出された換地の境界が，創設的に筆界となることがある。

登記所は，地番を付すべき区域を定め，1筆の土地ごとに地番を付さなければならないので（不登法35条），登記官が，1筆の土地として，一区画ごとに付した地番と地番の境は，公法上の境界である。

これに対し，「私法上の境界」（所有権界）とは，所有権に基づき，隣接地当事者間で合意された境界線である。これは，広い意味では所有権界のみならず，占有の事実によって形成されている境界線を指す場合もある。

2　施行地区と地区界の確認

施行地区は，都市計画区域内において，都市計画に整合させながら，市街地整備の効果が最も高くなるように定められる。その施行地区の範囲は，施行予定地区外の公共施設や宅地の状況を考慮し，原則として，道路，河川等事業施行により位置の変わらないもの，あるいはそれらの位置の変更を含む公共事業に定められるものを境界にして，その範囲を事業計画において定める。

3　地区界と地区内の換地処分による境界の問題

地区内の土地は，換地処分により新しい土地として生まれ変わり，新しい換地や保留地等の境界は，換地処分時に整備された換地図によって明確になり，この境界は，創設的なもので公法上の境界で筆界となる。これに対して，地区界の境界は，換地処分にこだわらず，従前からある土地の境界を確認しただけのものである【参考12】。

1：4　換地計画

1:4:1　換地計画の意義

換地処分は，換地計画に基づいて行われる。換地計画には，各権利関係者相互間の不均衡を是正するための清算金についても詳細に定められる。換地計画は，土地区画整理事業の施行地区全域にわたって定められるが，施行地区が工区に分かれているときは，工区ごとに定めることもできる（法86条3項，1:3:5）。

法は，換地計画の決定に関して詳細に規定しているが，これは，事業の中核部分について運営に基準を示し，かつ，国民の権利の保障を確保しようとするものといえよう。

1:4:2　換地計画の内容

換地計画には，①換地設計，②各筆換地明細，③各筆各権利別清算金明細，④保留地その他特別の定めをする土地の明細に関する事項を定めなければならない（法87条1項1号～4号）。

清算金の決定に先立って①②④の事項を定める必要がある場合は，これらの事項のみを定めることもできる。市街地再開発事業施行地区がこれに当たる。この場合は，換地処分を行うまでに③の事項を定めなければならない（同条2項，3項）。

①の換地設計は，換地図を作成して定めなければならない。換地図は，事業施行後の町又は字の区域及び各筆の土地ごとの予定地番，従前地及び換地，保留地等の位置及び形状を，縮尺1,200分の1以上の図面に表示したものでなければならない（規則12条）。

②の各筆換地明細は，従前地の各筆の明細とそれに対応する換地の明細について定めなければならない（規則13条別記様式第六）。

③の各筆各権利別清算金明細は，従前地に存する所有権その他の権利に関する明細と，それらに対応する換地又は換地上の所有権以外の権利の明細，さらに，換地処分により生じた権利者間相互の不均衡を是正するための清算金の交付又は徴収額を定めなければならない（規則14条別記様式第七）。

④の保留地その他特別の定めをする土地の明細に定めるべきものには，保留地，換地不交付の土地，過小宅地，過小借地及び特別の配慮をする宅地がある。これらは，各筆換地明細と同じ様式で表示しなければならない（規則13条）。

施行者は，換地計画を定めた場合は，換地処分を行うまでに，③の事項を定めなければならない（法87条3項）。

1:4:3　換地計画を定める手続

① 換地計画を定める場合，個人施行者は，施行地区内のすべての権利者の同意を得なければならない（法88条1項・8条）。組合は，総会若しくはその部会又は総代会の議決を経なければならない（法31条8号，35条1項，36

条)。個人又は組合以外の施行者は，土地区画整理審議会の意見を聴かなければならない（法88条6項）。

なお，共同施行者は，全員が同意する必要である（土地改良事業についての最三小判昭59.1.31民集38-1-30）。(注)

② 個人以外の施行者は，換地計画を2週間公衆の縦覧に供しなければならない（法88条2項）。利害関係者は，意見があれば，施行者に対し，縦覧期間内に意見書を提出することができる（同条3項）。縦覧に供する場合は，あらかじめ縦覧を開始する日，縦覧場所，縦覧時間を公告しなければならない（令55条の2・3条）。この公告のあった後は，法85条4項により，権利の申告又は権利の変動の届出を受理しない旨の規定を定款，基準又は施行規程で定めている場合が多い。

③ 換地計画に対する意見書の提出期間は，事業計画等に対する意見書と異なり，縦覧期間内であることが必要である。また，意見書を郵送で提出した場合には，送付に要した日数は期間に算入しない（法134条1項）。すなわち，郵便等による信書便に消印が押された日に到達したものとされる。

(注) 本判決の判示事項は，「共同施行の土地改良事業において換地を行うことが予定されているのを了知して右事業の認可の申請に同意した者と換地計画に同意する義務の有無」であり，裁判要旨は，「数人が共同して行う土地改良事業の認可の申請に同意した者は，既に換地を行うことが予定されているのを了知して右同意をしたときであつても，換地計画に同意する義務を負うものではない。」である。

1:4:4 換地計画の内容を定めた後の手続

① 施行者が，国土交通大臣又は都道府県以外の場合は，換地計画について都道府県知事の認可を受けなければならない（法86条1項，規則11条）。認可申請を受けた都道府県知事は，次のａ～ｃに掲げる事実があると認める場合以外は，認可をしなければならない（同条4項）。ただし，換地計画に係る区域に市街地再開発事業の施行地区が含まれている場合は，その市街地再開発事業の施行に支障を及ぼさないと認めるときでなければ認可して

はならない（同条５項）。

a　申請手続が法令に違反していること。

b　換地計画の決定手続又は内容が法令に違反していること。

c　換地計画の内容が事業計画の内容と抵触していること。

② これは，一体的施行（1:7:8）の創設に当たり，清算金を定めない換地計画を創設し（法87条２項，３項），都再法において換地計画に基づく仮換地（の従前地）について権利変換の対象とする等の改正を行ったことから，市街地再開発事業が土地区画整理事業の換地計画を斟酌しないで進行する状況にある。そのため，後から換地計画に基づく仮換地が行われれば，市街地再開発事業が前提としている権利関係と矛盾することになり，同事業の施行に重大な支障を来すことになりかねないからである（逐344）。

③ 換地計画の認可は，それだけでは土地所有者等に対して，何らの法的効果を及ぼすものではなく，都道府県知事の組合等に対する監督権の行使として行う行政権相互間の内部的意思表示にすぎないから，抗告訴訟の対象とならない（名古屋高裁金沢支部判平３.３.11 判例自治 92-161 など）。

1:4:5　換地計画において換地を定める場合

1:4:5:1　照応の原則

換地計画において換地を定める場合，位置，地積，土質，水利，利用状況，環境等が，それぞれの換地について，従前地とほぼ同一の条件になるように定められなければならない（法89条１項）。これが照応の原則である。

仮換地の方法は，多数あり得るから，具体的な仮換地指定処分を行うに当たっては，法89条１項所定の基準の枠内において，施行者の合目的的な見地からする裁量的判断に委ねざるを得ない面があることは否定しがたい（最三小判平元10.３集民158-31）。そして，仮換地の指定は，指定された仮換地が，事業開始時における従前の宅地の状況と比較して，「照応」の各要素を総合的に考慮してもなお，社会通念上「不照応」であるといわざるを得ない場合は，裁量的判断を誤った違法なものと判断すべきである（本件仮換地指定については，裁量的判断を誤ったとはいえない。）（最三小判平24．2．16判時2147-39）。

1:4:5:1:1　横と縦の照応の原則

従前地と換地との照応のほか，各権利者に与えられる換地間においても，特定の者に対して著しく有利又は不利にならないようにすることも必要である。そこで，前者を縦の照応の原則といい，後者を横の照応の原則という。

1:4:5:1:2　所有権の権利等がある場合

従前地に所有権，地役権以外の権利又は処分の制限（以下「権利等」という。）があるときは（注），その換地についてこれらの権利又は差押え等の目的となるべき宅地又は宅地の一部であるときはその部分を，照応の原則に準じて定めなければならない（法89条2項，3：2：2：4，3：4：3：1）。なお，地役権については，照応の原則から除外して特別に規定を置いている（法104条4項，5項）。

（注）　所有権を本項の対象外とした理由は，本条1項に規定があるからであり，地役権を本項の対象外とした理由は，地役権は，換地処分の公告があった日の翌日以降も，なお，従前の宅地の上に存在するからである（法104条4項）。

1:4:5:1:3　照応の原則に関する判断基準

縦の照応の原則については，位置，地積，土質，水利用状況，環境等の各要素を，個々に取り上げて照応しているかどうかを判断するのではなく，すべてを総合した上で，一体的に判断すればよいと考えられている。従前地に照応しているかどうかを判断する基準時については，「原則として，土地区画整理の開始時の状況を基準とすべきであり，事業開始後における状況の変化は，事業の実施に伴うものである以上斟酌すべきでない」（最三小判昭36.12.12民集15-11-2731）。

横の照応の原則については，特に明確な判断基準はなく，合理的理由がなく特定の権利者に対して，利益又は不利益な処分を行った場合にのみ違法となると考えられている。

1:4:5:1:4　照応の原則の例外

照応の原則の例外規定としては，所有者の同意による換地不交付（法90

条)，宅地又は借地地積の適正化（法91条，92条)，立体換地（法93条，1：7：1)，創設換地（法95条3項，1：4：5：5：3)，公共施設の用に供する宅地（同条6項)，保留地（法96条，1：7：7）がある。

また，住宅先行建設区（1：7：2)，市街地再開発事業区（1：7：3)，高度利用推進区（1：7：4)，共同住宅区（1：7：5）及び復興共同住宅区（1：7：6）への各換地も，例外に当たる。

1:4:5:2 換地の指定方法

換地を定めるに当たっては，地方公共団体等は換地設計基準（組合等は換地規程）及び土地評価基準を定め，「換地は，原位置又はその付近に定めるものとする。公共施設の設置等により原位置に定めることが困難な場合は，従前の宅地に照応する位置に定めるものとする」としている（運用指針Ｖ2-1⑵以下)。(注)

原則的には，従前地1筆に対して換地1筆が指定されるが，数筆の宅地がいずれも過小宅地であるような場合で，同一の所有者により同一目的に利用している数筆の土地が隣接しているときなどは，数筆の従前地に対して1筆の換地を指定することが合理的なこともある。ただし，数筆のうちのある宅地に地役権以外の権利が存在するときは，登記手続上，原則として，1筆の換地とすることはできない。

なお，「数人の土地所有者がそれぞれの所有する数筆の土地について，一括して1個の換地が指定されることに同意し，施行者に対し，共同して右指定を希望する旨の意思表示をしたときには，第三者の利益を害すべき特別の事情のない限り，右の数筆の土地について1個の仮換地，換地を指定しても違法ではない」(広島高判昭48.6.26行裁例集24-6／7-483)。

また，従前地1筆に対し，換地数筆を定めることもできる。これは，従前の宅地の面積が著しく大きく，換地後の一つの街区に収まらない場合などに利用される。ただし，従前地数筆に対して，換地数筆を定めることはできない。

(注) 換地設計基準及び土地評価基準は，行政手続法2条8号の審査基準（ロ）及

び処分基準（ハ）に該当しない。

1:4:5:3　過小宅地に関する特別な定め

事業施行後も小規模な宅地が残存することは事業の本旨に反することになる。そのため，個人及び組合以外の施行者の場合において，宅地の地積の規模を適正にする特別な必要があると認められるときは，土地区画整理審議会の同意を得て，過小宅地の基準となる地積を定め（令57条），地積が基準以下である宅地について，次のいずれかの方法を採ることができる（3：3：3：1）。

a　減歩を緩和し，若しくは行わず，又は地積を増やすことによって，適正な地積の換地を定める（法91条1項）。

b　換地を定めずに，施行地区内の土地の共有持分を与えるように定める（同条3項）。

c　換地を定めない（同条4項）。

d　地積が大で余裕がある宅地について，地積を特に減じて換地を定める（同条5項）。

a～cの過小宅地の適正化は，高い公共性が求められるため，個人及び組合施行の場合には認められていない。

d「地積が大で余裕がある宅地」かどうかは，その宅地が一団の宅地として利用できるかを客観的かつ個々具体的に判断すべきであって，単に宅地の筆数，町界等により，あるいは宅地内に小水路があるか否かのみによって区別すべきでない（昭43.3.27高都区発253号建設省区画整理課長回答）。

【判例5】　減歩

減歩は，宅地の権利者が受忍すべき社会的制約であり，事業によって宅地の利用価値は増進するから，交換価値に損失を与えることにならない（最二小判昭56.3.19訟月27-6-105）。

【判例６】　いわゆる「一坪二坪換地」の違法性

> 事業計画の変更に伴って発生した余剰地（未指定地）処分のために県知事が法91条1項を類推して行った県有地の買主に対して平均35.8倍の増歩となる換地処分は違法であるが，その違法性は軽微であり，換地処分の取消事由とするに足りるほどの違法性はない（広島高判平４．８．26判時1483-26）。

1:4:5:4　過小借地に関する特別な定め

個人及び組合以外の施行者（都道府県・市町村（法３条４項），大臣（同条５項），都市再生機構（法３条の２），地方住宅供給公社（法３条の３））の場合において，過小宅地のときと同様に借地の地積の規模を適正にする特別な必要があると認められるときは，土地区画整理審議会の同意を得て，過小借地の基準となる地積を定め，地積が基準以下である借地について，過小借地とならないように，減歩を緩和し，又は行わない等のことにより，借地権の目的となる宅地又は宅地の部分を定めることができる（法92条１項）。

このときは，土地区画整理審議会の同意を得て，借地の所有者が有する借地権の目的となっていない宅地等の地積を特に減じて，借地権の目的となるべき宅地又はその部分を定めることもできる（同条４項）。

また，土地区画整理審議会の同意があった場合には，著しく過小である借地については，借地権の目的となるべき宅地又はその部分を定めないこともできる（同条３項）。

1:4:5:5　特別の宅地

1:4:5:5:1　公共施設

施行者は，公共施設（法２条５項）の用に供している宅地（国又は地方公共団体の所有以外の公共の用に供している土地をいう。）については，位置，地積等に特別の考慮をして定め，又は，事業の施行により代替公共施設が設置された場合等は換地を定めないことができる（法95条１項，６項）。換地を定めない宅地としては，私道が多い。

1:4:5:5:2　飛換地

工区ごとに換地計画を定める場合に工区ごとの減歩率に甚だしい不均衡が生ずることは好ましくないので，減歩率の高くなる工区内の宅地の内から一定の宅地Ａを選び，その宅地の所有者の同意を得て，換地を定めないで，金銭精算をすることとして減歩率の緩和を図り，Ａ宅地に対しては，他の比較的減歩率の低い工区内において適当なＢ宅地を「飛換地」として定めて清算金を徴収するものである（法95条２項）。

なお，工区間の飛換地処分をする場合に従前の土地に存在する工区の換地処分を飛換地の存在する工区よりも後で行うことは違法であるとはいえない（最三小判昭51．９．28集民118–457）。

1:4:5:5:3　創設換地

区域内に居住する者の利便に供する公共施設（小中学校や診療所など）の用地として新たに供すべき土地については，一定の土地を換地として定めないで，その土地を施設の用に供すべき宅地として定めることもできる。この土地は，換地計画においては換地とみなされ（法95条３項），「創設換地」といわれている。

なお，区域内に居住する者の利便に供するものの用に供している宅地又は供すべき土地については，換地計画に定める清算金について特別の定めをすることができる（同条５項）。特別の定めは，徴収すべき精算の減額又は免除を限度とすべきである。

これらの規定を適用することができる施行者に制限はないが，個人又は組合以外の施行者は，土地区画整理審議会の同意を得なければならない（同条７項）。

【判例７】　照応の原則

１　縦の照応の原則

①　仮換地の指定をする場合，その基準として換地及び従前地の価格が重要な

標準となることはいうまでもないが，その価格は，単に施行地区内の各土地について平等の計算方法によったというだけでは足らず，その公平な方法によって算出された結果が，客観的な取引価格に一致するものでなければならない。宅地価格のみを仮換地指定の基準とすることはできず，市街地商店街にあっては，営業の死命を制するともいうべきその位置，間口，区画の大小長短，面積の諸点を考慮する必要がある（福岡高判昭 41．5．14 行裁例集 17－5－51）。

② 土地区画整理事業は，施行者が，一定の限られた施行地区内の宅地について，多数の権利者の利用状況を勘案しつつそれぞれの土地を配置していくものであり，また，仮換地の方法は多数あり得るから，具体的な仮換地指定処分を行うに当たっては，法 89 条 1 項所定の基準の枠内において，施行者の合目的な見地からする裁量的判断に委ねざるを得ない面があることは否定し難い。そして，仮換地指定処分は，指定された仮換地が事業開始時における従前地の状況と比較して，照応の原則の各要素を総合的に考慮してもなお，社会通念上不照応であるといわざるを得ない場合は，裁量的判断を誤った違法なものと判断すべきである（最三小判平元．10．3 集民 158－31）。

2 横の照応の原則

① 換地予定地は，従前地と等価値の土地に指定することを要請されるが，換地ということの技術的困難から，ある程度の不均衡はやむを得ないものとして認容し，その不均衡については金銭をもって清算すべきことを規定（法 94 条）している。したがって，換地予定地が従前地に比較して差異があるというだけでは，直ちに換地予定地の指定を違法と判断すべきものではない。指定が違法となるのは，施行者が，合理的な理由もないのに，特定の者に対して故意に不利益な処分をした場合又は処分が特定の者にとってのみ著しく不利益なものである場合でなければならない（仙台地判昭 30．7．20 行裁例集 6－7－1869）。

② マンションの敷地について仮換地の指定がされた場合において，従前地の形状は正方形に近いのに対し，仮換地の形状は正方形の一角が張り出している分だけ不整形となり，従前地は北側と南側で道路に接しているのに対し，仮換地は南側で道路に接していないとしても，次の事情の下では，照応の原則に違反しない（最三小判平 24．2．16 集民 240－19，判時 2147－39）。

a 仮換地は，従前地とほぼ同じ位置に指定された現地仮換地であり，マンションの移転や除却が必要となるものではない。

b 仮換地の地積は，従前地の地積よりも約５％増加している。

c 仮換地の張出し部分は，地積増加分にほぼ対応している。

d 仮換地は，張出し部分が加えられたことによって東側でも道路に接することとなり，北側と東側の各道路の幅員も従前地の北側と南側の各道路の幅員より広くなっており，マンション敷地としての利用価値が従前地と比較して特に減少したとは認め難い。

e　仮換地における電線や排水管等の設備の利便性が従前地と比較して低下したとはいえない。

f　仮換地における近隣の鉄道の騒音等の環境条件が従前地の環境条件と比較して特に悪化したとはいえない。

③　一般に判例は，「他の多数との比較で著しく不利益」（東京高判平１.８.30 行裁集 40−８−30 など）がなければ違反にならないとしている。しかし，特別な事情があるとは認められないのに，単に「他の権利者との公平」を理由として「横の照応違反」を認めた判例（奈良地判平６.８.29 判タ 878−164）もある。

④　法 98 条１項前段にいう「土地の区画形質の変更若しくは公共施設の新設若しくは変更に係る工事のため必要がある場合」にされる仮換地指定処分は，換地予定地的なものであつても，換地計画に基づくことを要しない（最三小判昭 60.12.17 民集 39−８−1821）。

1:4:5:6　換地計画の変更手続

換地計画を変更しようとする場合，施行者が，国土交通大臣又は都道府県以外のときは，都道府県知事の認可を受けなければならない（法 97 条１項，令 11 条）。また，個人以外の施行者は，換地計画を定める場合と同様に，換地計画の縦覧手続等が必要である。ただし，軽微又は形式的な変更については，その必要はない（法 97 条３項・88 条２項〜７項）。

形式的な変更とは，換地設計，各筆換地明細及び各筆各権利別清算金明細の変更で，従前地の分合筆又は従前地について存する権利の変更に伴うもの及び地域の名称の変更又は地番の変更に伴うものをいう（令 59 条）。

なお，個人施行者が換地計画を変更しようとする場合は，換地計画区域内の宅地について権利を有する者の同意を得なければならない（法 97 条２項・８条１項）。

1:4:5:7　換地計画変更の要否と従前地の喪失

一体的施行（1：7：8）において権利変換が行われた結果，区画整理の従前地が施設建築物の一部等（都再法77条1項）の取得者の共有等となったことに伴って換地計画を変更し，その権利変動を反映した場合，換地計画そのままでは正規の区画整理清算ができない。これは，権利変換を区画整理の従前地に及ぼしたために，その権利が仮換地の状況に対応した再開発後の共有の権利に均質化して，各人が持っていた区画整理の本来の従前地の権利が喪失してしまうからである。正規の区画整理清算を実施するには，あらかじめ関係権利者及び区画整理の間で協定を結んで関係権利者間の清算の方法を決めておく必要がある（マニュアル21）。

1：5　仮換地の指定

① 施行者は，換地処分を行う前に，土地の区画形質の変更又は公共施設の新設若しくは変更などの工事をするために必要のある場合又は換地計画に基づき換地処分を行うために必要のある場合は，従前地について，その宅地に代わって，仮に使用収益することのできる土地を指定することができる（法98条1項前段）。その指定された土地を「仮換地」という。

従前地について，賃借権等の所有権以外の使用収益する権利を有する者がいるときは，その仮換地について，仮にそれらの権利の目的となるべき宅地又はその部分を指定しなければならない（同項後段）。

② 換地処分によって事業施行前の土地（従前地）について「所有権その他の権利を有する者」に対して，従前地に代えて再配置された土地「換地」を割り当て，その換地について従前地に存在したのと同一の権利関係が形成される（法101条）。

そのため，換地処分は，同一の宅地に併存し得ない所有権その他の権利が重複するのを避けて，事業の最終段階において一挙に実施する必要があるから，換地処分が行われるまでに，道路の新設や区画の変更等事業に必要な工事を行い，その進捗状況に合わせて順次建物等を移転するなどして換地処分を行う条件を整えるのである。

もっとも，仮換地の指定と換地処分とは独立した別個の行政処分である上，法律上，換地処分をするために必ずしもこれに先立って仮換地の指定をする必要があるわけではなく，仮換地の指定は，換地処分の効果が発生するまでの暫定的な処分にすぎないから，仮換地の指定に固有の違法は，換地処分に承継されない（大阪地判平５．８．６行裁集44−８／９−689（注））。

③　仮換地の指定（又は仮換地について仮の権利の目的となるべき宅地若しくはその部分の指定）については，行政手続法第３章の規定は，適用されない（法98条７項）。その理由は，次のとおりである。

a　これらの処分については，それを行うための基準が明らかにされていること。

b　多数の権利者に対する処分であること。

c　処分を行うに当たって，あらかじめ，意見聴取のための手続があること。

（注）　本事例は，旧特別都市計画法13条１項に基づく土地区画整理のための換地予定地の指定が，土地区画整理法施行法６条により，仮換地の指定に関する土地区画整理法98条によってしたものとみなされたものである。

1：5：1　仮換地の種類

仮換地には，換地計画に基づき換地処分を行うため必要があるときに指定される場合（「換地予定地的仮換地指定」という。）と，土地の区画形質の変更又は公共施設の新設若しくは変更に係る工事のために必要があるときに指定される場合（「一時利用地的仮換地指定」という。）がある（法98条１項，1：3：7）。

前者は，換地予定地として指定するので，指定された仮換地は将来的に換地となる。これに対し，後者は，従前地について道路工事を行うなどのため一時的に他の宅地を仮換地として指定するものであり，この場合に指定された仮換地は，将来的に換地となるものではない。後者は，ほとんど活用されていない。

なお，従前地の所有者及び従前地について賃借権等その土地を使用収益する権利を有する者に対する仮換地指定を「指定」又は「表指定」といい，底地の所有者及び底地について賃借権等その土地を使用収益する権利を有する者に対する仮換地指定を「裏指定」ということがある。

1:5:2　仮換地指定の通知

1:5:2:1　指定の通知

① 仮換地の指定は，従前地の所有者及び仮換地となるべき土地「底地」の所有者に，仮換地の位置，地積及び仮換地指定の効力発生の日を通知してする（法98条5項）。この通知をする場合に，底地について賃借権等その土地を使用収益する権利を有する者がいるときは，これらの者に対して，仮換地の位置，地積及び仮換地の指定の効力発生日を，また，従前地について賃借権等その土地を使用収益する権利を有する者がいるときは，これらの者に対して，仮にこれらの権利の目的となるべき宅地又はその部分及び仮換地指定の効力発生の日を通知しなければならない（同条6項）。(注)

② 仮換地に使用収益の妨げとなる物件があるときその他特別の事情により，従前地の所有者及び賃借権等その土地を使用収益する権利を有する者が，直ちに仮換地を使用収益することができないときは，効力発生日とは別に使用収益を開始できる日を定めることができる。この場合は，効力発生日と使用収益開始日を併せて通知しなければならない（法99条2項）。

③ 使用収益開始日を定める場合，「施行者において，仮換地が使用収益可能な状態となる日，すなわち仮換地の使用収益を妨げる事情を除去できる日時を，仮換地指定の当初から確定的に予定することが困難な場合には，仮換地指定の際，いったんその使用収益開始日を追って定める旨通知し，その後，その使用収益開始日を確定できる段階で，具体的な日を定めるという方法をとることも許されると解するのが相当である」（最二小判昭60.11.29集民146-2084）。実務においても，使用収益開始日を定める場合が多い。

(注) 仮換地の所有者及び従前地について賃借権等その土地を使用収益する権利を有する者に対する仮換地指定を「(表) 指定」といい，底地の所有者及び底地について賃借権等その土地を使用収益する権利を有する者に対する仮換地指定を「裏指定」ということがある。

1:5:2:2　通知を送付できない場合

施行者は，仮換地指定通知書を送付する場合に，送付を受けるべき者がその通知書の受領を拒んだとき，又は過失なくしてその者の住所等書類を送付すべき場所を確知することができないときは，その通知書の内容を公告することをもって，通知書の送付に代えることができる（法133条1項）。

1:5:2:3　通知の内容に不服がある場合

仮換地の指定に関する通知は，行政処分その他公権力の行使に当たる行為と解されるので，審査請求等（法127条の2）をすることができる。無効等確認訴訟については，処分の効力の有無を前提とする現在の法律関係に関する訴えによって目的を達する場合にはできないが（行訴法36条），判例は，「土地改良法に基づく換地処分については，権利者相互間の民事訴訟によらず，無効確認訴訟を起こすことができる」（最二小判昭62．4．17民集41-3-286）としている。

【判例8】　仮換地指定処分の取消し・無効

> 仮換地の指定は，多数の権利者の希望や利益状況を勘案しつつ配慮していくものであり，具体的な仮換地指定処分を行うに際しては，法第89条第1項所定の基準の枠内において，施行者の合目的的な見地からの裁量判断に委ねざるを得ない側面があるので，仮換地指定処分においては，指定された仮換地が土地区画整理事業開始時における従前の宅地の状況と比較して，所定の照応の各要素を総合的に考慮してもなお，社会通念上不照応であるといわざるを得ない場合に，裁量的判断を誤った違法があると判断すべきである（金沢地判平17．1．14・判例地方自治271-94，同旨：宇都宮地判平30．3．22判自440-85）。【判例11】

1：5：3　仮換地指定の手続

仮換地の指定については，次の手続が必要である（法98条3項）。

① 個人施行者は，従前地の所有者，仮換地となるべき宅地所有者及びこれらの宅地の使用収益権者の同意を得る。

② 組合は，総会若しくはその部会又は総代会の同意を得る。

③ 個人及び組合以外の施行者は，土地区画整理審議会の意見を聴かなければならない。ただし，施行者は，土地区画整理審議会の意見に反して指定しても違法となるものではない。また，「施行者が仮換地を指定するに際し，あらかじめ土地区画整理審議会の意見を聞く手続をとらなかったとしても，それだけで仮換地の指定が当然に無効となるものではない」（最一小判昭59．9．6集民142-303）。取消しとなることはあり得よう。

1：5：4　仮換地指定の法的性質

① 仮換地指定の法的性質については，確認処分であるとする説と形成処分であるとする説がある。換地処分についても同様に考えられている。

確認処分説は，仮換地又は換地に対する所有権に基づく使用収益権は，これらの処分を待つまでもなく，事業の実施に伴って公共施設の配置が決定されると，照応の原則により，観念的かつ客観的に当然に施行地区のいずれかの部分に定まっているべきもので，施行者は，これを確認し，宣言するものであるとする。

形成処分説は，施行者による使用収益権の設定処分と解するもので，仮換地の指定は，従前地を使用する正当な権原を有する権利者に対して，その使用収益を停止させ，仮換地の位置や範囲を定めて，これに従前地と同じ内容の使用収益ができる権能を付与する形成的な処分であるとする。判例（最三小判昭43.12.24民集22-13-3393，最三小判昭44．1．28民集23-1-32，判時548-60）は，形成処分説に立っている。賛成である。

② 仮換地指定の通知を受けた場合，従前地について所有権，賃借権等に基づき使用収益できる権原を有する者は，通知に記載された仮換地指定の効力発生の日から換地処分の公告の日（法103条4項）まで，仮換地又はその部分について従前地に存する権利の内容である使用収益権と同じ内容の使用収益権を取得する代わりに，従前地を使用収益することができなくなる（法99条1項）。ただし，従前地の処分権は失わない。

判例は，「換地予定地（旧特別都市計画法14条1項・仮換地と同義語）の指定処分は，従前の宅地に存する使用収益に関する権利関係をそのまま仮換地上に移動させるだけのものであり，これによって仮換地上に新たな公法上の使用権を生じさせるものではない。したがって，従前の宅地につき有していた権利が登記の欠缺等の理由で否定された場合は，これに基づく仮換地の使用収益権も否定される」（大阪地判昭 40.4.24 下民集 16-4-722）としている。また，「換地予定地の指定があった場合には，従前の土地の使用関係についてされた仮処分の効力は換地予定地の上に及ぶ」（東京高決昭 33.8.8 下民集 9-8-1541）とするものもある。

③　仮換地となるべき土地（底地）について「権原に基づき」使用収益していた者（注）は，仮換地指定の効力発生の日から換地処分公告の日まで，仮換地となるべき土地を使用収益することができなくなる。ただし，使用収益を開始することができる日が効力発生日と別に定められた場合には，換地処分公告の日まで，仮換地の使用収益をすることができる（法 99 条 3 項）。

使用収益開始日が別に定められた場合は，従前地と仮換地のいずれも使用収益できない事態が生ずるので，この場合，施行者は，通常生ずるべき損失を補償しなければならない。また，従前地が他の宅地の仮換地として指定されたため，従前地を使用できなくなったにもかかわらず，これに代わる仮換地が指定されていない場合にも，施行者は，通常生ずるべき損失を補償しなければならない（法 101 条 1 項，2 項）。これらの損失の補償については，損失を与えた施行者と与えられた者が協議し，協議が成立しない場合には，収用委員会に裁決の申請（土地収用法 94 条 2 項）をすることができる（同条 4 項・73 条 2 項，3 項）。

判例には，別に使用収益開始日を定めるとしたが，10 年以上使用収益日を定めなかった仮換地指定の場合における損失補償を認めたケースがある（宇都宮地判平 7.5.31 行裁集 46-4／5-578，判タ 921-127）。

④　施行地区内の宅地について，未登記の所有権以外の権利を有する者は，その権利の種類及び内容を施行者に申告しなければならない（法 85 条 1

項)。「申告しなければならない」とあるが,「申告できる」と解すべきである（大場437)。法による換地処分がされた場合，従前の土地に存在した未登記賃借権は，これについて法85条の権利申告がされていないときでも，換地上に移行して存続する（最一小判昭52.1.20民集31-1-1)。

ただし，申告しなかった場合は,「仮換地の指定により，従前の土地の一部を賃借している賃借人の所有建物がそのまま仮換地上に存することとなった場合においても，従前の土地の一部を賃借する者は，権利申告の手続をして，施行者から仮に使用収益しうべき部分の指定を受けない限り，仮換地につき現実に使用収益することができない」(最大判昭40.3.10民集19-2-397）し,「1筆の土地全部を賃借した者でも，賃借土地の仮換地を現実に使用収益するためには，権利の目的となるべき土地としての指定通知を受けることを必要とする」(最二小判昭40.7.23民集19-5-1292)。

また,「従前の土地上に登記のある建物を所有している借地権者であっても，仮換地につき施行者から使用収益部分の指定を受けていない場合には，仮換地上に使用収益する権原を取得するものとはいえない」(最二小判昭41.4.23判時444-67)。

これらの判断は，換地処分があるまではいつでも申告できるにもかかわらず，申告をしないで直接裁判所に提訴するのは法律の趣旨に反するということが，その主な理由と考えられる。ただし，換地処分があると申告できなくなるので，換地処分後における未申告未登記の使用収益権に関しては判断が異なっている。

（注）　ここでいう「権限に基づき」使用収益していた者は，何らかの使用収益する権利を有する者を指し，法98条の使用収益する権利を有する者が法85条により申告又は届出をした権利を有する者に限られるのと異なる（逐条391)。

1:5:5　仮換地指定と換地計画との関連

①　仮換地の指定は，換地計画の決定の基準を考慮してしなければならないから（法98条2項)，換地計画に適用される照応の原則及び指定方法に従う必要がある。もちろん，照応の原則の例外規定の適用も受ける（1:3:

7）。

② 一時利用地的仮換地指定（1：5：1）の場合は，将来的に換地となることが予定されていないので，換地計画に基づかないで仮換地として指定することになる。

③ 換地予定地的仮換地指定（1：5：1）の場合は，換地計画に基づかなければならないというのが法の趣旨であると考えるが，実際には，換地計画に基づかない指定が数多く行われており，判例（最三小判昭60.12.17民集39－8－1821，1：3：7）も是認している。このような指定を違法でないとする論拠としては，次のことが考えられる。

a 換地計画には，換地設計，各筆換地明細，各筆各権利別清算金明細及び保留地その他の特別の定めをする土地の明細を定めなければならないが，その時期については，特段の定めがない。各筆各権利別清算金明細に記載しなければならない清算金を確定額で示すとすれば，工事が完了に近づき事業費の決定額の見通しがつく段階でないと決定できないから，換地計画に基づいて指定しなければならないというのは無理であろう。

b 仮換地の指定は，換地計画の決定の基準を考慮してしなければならないこととなっていること（法98条2項），土地区画整理審議会の意見を聴くこと（同条3項），また，最終的に換地処分が行われる前には必ず換地計画が定められ，利害関係者に意見陳述の機会が与えられているから，権利者の保護は図られている。

しかし，換地になるべき仮換地の指定を適正かつ公平に行い，権利者の合意に基づいて手続を進めるために，あらかじめ換地計画案を明らかにしている。

c 換地又は換地予定地の指定は，施行者が決定すべきものであって，その指定が法令の趣旨に適合しない場合には，土地所有者及び関係者は，場合によってその取消しを求めて争訟を提起することができるけれども，特定の土地を換地又は換地予定地として，その指定を請求する権利を有するものではない（最三小判昭30.10.28民集9-11-1727，旧耕地整理法30条についての判例）。

1:5:6　従前地の使用収益が停止される場合

換地を交付しないことが予定された従前地については，仮換地を指定しないで，その使用収益を停止させ，他の土地の仮換地に充てることになる。そこで，換地計画において，換地を定めない宅地の所有者又は換地について権利の目的となるべき宅地若しくはその部分を定めないこととされる所有権以外の使用収益権を有する者に対して，期日を定めて，その期日から換地処分の公告がある日までの間，その宅地若しくはその部分について使用収益を停止させることができる。この場合，その期日の相当期間前に，宅地の所有者又は使用収益権者に通知しなければならない（法100条1項，2項）。通知の受領を拒絶する場合又は通知を送付すべき場所を確知できない場合は，その書類の内容の公告をもって通知に代えることができる（法133条1項）。

この処分が行われたことにより損失を受けた場合，施行者は，通常生ずべき損失を補償しなければならない（法101条3項）。これらの損失の補償については，損失を与えた施行者と与えられた者が協議し，協議が成立しない場合には，収用委員会に土地収用法94条2項の規定による裁決の申請をすることができる（法101条4項・73条2項，3項）。

1:5:7　仮換地指定に関する諸問題

1:5:7:1　仮換地に指定されない土地の管理

仮換地の指定（法98条1項）により，又は使用収益の停止（法100条1項）により使用収益できる者がいなくなった従前地又はその部分（公用施設予定地や保留地がこれに当たる。）については，換地処分の公告（法103条4項）がある日までは，施行者が管理する（法100条の2）。

この場合，施行者は，所有権に準ずる一種の物権的支配権を取得し，その土地を事業の目的に沿って維持管理し，又は事業施行のために必要な範囲内において第三者に使用収益させることができる。また，その土地を第三者が権原なくして不法に占拠する場合には，所有権に準ずる物権的支配権に基づき，土地の明渡しを求めることができる（最二小判昭 58.10.28 集民 140-249，判時 1095-93）。施行者は，その宅地の所有者等の同意を得ることなく工事を行うことができる（法 80 条）。ただし，工事に着手する旨の通知はすべきである。

1:5:7:2　仮換地指定の取消し又は変更

仮換地の指定の取消し又は変更に関する明文規定はないが，仮換地の指定がされると新しい権利関係が生ずるので，次のように，その必要性がある場合に限り，指定の取消し又は変更をすることができる。ただし，仮換地の指定をする場合と同様の手続を取らなければ違法と判断される可能性がある。

a　仮換地の指定後において，指定処分に瑕疵があった場合

b　公益上の必要等特別の事情がある場合（東京高判昭 30.７.20 下民集６-７-1533）

c　関係権利者間の著しい不公平を是正する必要がある場合（東京地判昭 32.１.31 行裁例集８-１-194）

1:5:7:3　仮換地指定後に従前地を分割した場合

1:5:7:3:1　従前地の分割譲渡

仮換地の指定があっても，従前地の処分権を失うものではなく，これを制限する規定も存在しないから，仮換地指定後に従前地の分割譲渡や共有物分割をし，その旨の登記をすることは可能である。

判例は，「仮換地の指定後，従前の土地が分割譲渡されて所有者を異にする２筆以上の土地となつた場合においては，施行者により各筆に対する仮換地を特定した変更指定処分がされないかぎり，各所有者は仮換地全体につき，従前の土地に対する各自の所有地積の割合に応じ使用収益権を共同して行使すべき，いわゆる準共有関係にあるものと解すべきである」（最三小判昭 43.12.24 民集 22-13-3393）としている。このため，仮換地指定の変更又は換地処分がされるまでは，当面，当事者の合意により仮換地を分割して使用収益し得るとしても，第三者への対抗力がなく不安定な権利関係にあることは否定できない。

1:5:7:3:2　仮換地指定変更処分の義務

このような状態を解消するため，仮換地の分割が行われたときに，施行者が仮換地指定変更処分をする義務を負うか否かについては，二つの考え方がある。

一つは，「登記簿（登記記録）上の所有名義に基づき換地予定地として一括指定を受けた土地について，分割譲渡を受けた者から施行者に対し換地予定地指定処分の変更申請が（な）されたときは，施行者は，申請の内容に拘束されるものではないけれども，現在における従前の土地上の権利関係の存在及び範囲に適合しない既往の換地予定地指定処分を変更すべき義務があるものと解すべきである」（東京地判昭 30. 7 .19 行裁例集 6－7－1791）とするものである。

これに対して，共有物分割による分筆登記をした事例について，「分筆当時，既に施行地区全体の工事が完了し，まもなく換地処分が行われる予定となっているため，換地処分により関係権利者の権利関係は終局的に安定するから，あえてこの時期に仮換地指定変更処分を行う必要はない」（大阪高判昭 53.10.27 判時 930−79）として，仮換地指定変更処分をするかどうかは，施行者の合理的な裁量に任されているとするものもある。

実務では，権利者の意向に沿い，かつ，照応の原則に従った変更をするための措置として，施行規程等に従前地の分割前の届出規定を設け，所有者の希望に添う仮換地指定の変更と従前地の分割方法について協議する方法をとっているようである。

1:5:7:3:3　図上分割の可否

① 事業施行地区内の土地については，測量によって分割後の土地の地積を定めることができないときは，分筆登記をすることはできないものとされていた（昭 36. 5 .12 民三 295 号民事局第三課長心得回答）。しかし，事業着手後換地処分の登記を完了するまで多年月を要するため，関係者から，登記所保管の旧土地台帳法施行細則第２条の地図に基づいた図上分割を認めて欲しい旨の強い要望があり，また，施行者が分筆を承認する場合には，図上

分割を認めてもさほどの弊害もないと考えられるので，便宜，地積測量図に施行者の承諾書を添付して申請のあった分筆登記を認めることはできないか，という照会があった。しかし，従前地の区画が明らかにできなければ，分筆登記はできないという結論に変わりはなかった（昭41.9.21民三419号民事局第三課長依命回答）。

そのため，実務では，共有持分の移転登記をしたり，持分に抵当権を設定し，あるいは，換地処分の登記が完了してから，共有物分割登記をするなどをしていた。

② その後，次のような取扱い（要旨）を認める通知が出された（平16.2.23民二492号民事局第二課長通知）。これは，構造改革特別区域法に基づき，内閣に設置された構造改革特別区域推進本部から仮換地指定がされている従前地について現地の調査・測量を行うことなく分筆を可能とすることはできないかとの要請があったことによるものである。

a 仮換地指定を受けている従前地の分筆登記については，施行者が工事着手前に測量を実施し，現地を復元することができる図面（実測図）を作成し，保管している場合において，これに基づいて作成された従前地の地積測量図を添付して申請がされたときは，これを受理することができる。ただし，地積測量図上の求積が登記簿上の地積と一致しない場合において，地積測量図上の求積に係る各筆の面積比が分筆登記の申請書に記載された分筆後の各筆の地積の比と一致しないときは，この限りでない。

b 従前地の地積測量図に，「本地積測量図は，事業施行者が保管している実測図（○○図）（注）に基づいて作成されたものであることを確認した。」旨の施行者による証明がされているときは，aの要件を満たすものと取り扱って差し支えない。

③ 従前地の共有持分を処分する方法では，複数の権利者が従前地を共有することとなるため，金融機関から融資を受けるに当たって支障を来すなど，従前地所有者の負担が大きく，実際のニーズは満たされないと指摘さ

れていた。そこで，仮換地に対する権利の処分を容易にするためには，従前地の分筆の方法によることが最良であるとし，②の通知は，この場合に限って，一定の要件を満たす地積測量図を提供することを条件にして，分筆登記が可能であることを明らかにしたものである。

④　一般に分筆登記の申請があると，登記官は，現地調査をした上でこれを認める。しかし，区画整理事業の場合には，仮換地指定により従前地の使用収益を一時的に停止して工事を行うため，登記官は現地復元（確認）ができず，区画整理の工事着手から換地処分まで分筆登記をすることができない場合がある。

そこで，施行者としては，あらかじめ，精度の高い調査測量（測量規程75条）を実施して，登記官と十分な調整を行い，換地設計の準備段階で分筆の可否の判断を求めておく必要がある。もしも，分筆はできないと判断される場合には，施行者の権限で仮換地の分割を行い，換地処分まで暫定的に共有とし，換地処分後において当事者で共有持分の等価交換を実施することになる（池田Ⅰ 48）。

（注）「実測図」には，施行者が工事着手前に測量を実施して作成した図面が該当し，従前地の位置及び形状を特定できるもので足りる。例えば，土地区画整理事業の施行に必要な「総合現況図」（国土交通省土地区画整理事業測量作業規程（以下「測量規程という。）（平 14．8．14 国都市 1339 号市街地整備課長通知）75 条２項）であっても，従前地の位置及び形状を特定することができるもので公図と重ね合わせたものであれば，これに該当する。

1:5:7:4　従前地の地目変更登記

土地区画整理法では，国又は地方公共団体が所有している公共施設（道路・公園・水路等）の用地以外の土地をすべて「宅地」という（法２条６項）。民間所有の畑でも田でも山林でも宅地というので，不登法上の地目や現況と異なることに注意を要する【参考１】１。

従前地の地目が登記の対象であるから，仮換地が宅地として造成され，その上に建物を建てたとしても，仮換地に対応する従前地の１筆全部が不登法でいう宅地（不登規則99条，不登準則68条３号）になっていないと地目の変更登記はできない。実際に，重ね図を見ると１筆の従前地の上に仮換地や道路等複数の土地が指定されていることが多く，従前地を宅地として認定できず，地目の変更登記はできないことが多い。

例えば，従前地１番が宅地部分と道路部分に造成されていると，１番の土地全体を宅地とする地目変更はできない。ただし，地目は，「土地の現況及び利用目的に重点を置き，部分的にわずかな差異の存するときでも，土地全体としての状況を観察して定めるものとする」としているので（不登準則68条），道路の割合が宅地と比べてわずかであれば，全体を宅地として登記することができる。

なお，換地処分の登記の際は，土地所有者は，自ら登記をしなくても，その換地は，宅地として登記される。

1:5:7:5　仮換地指定後の従前地の売買

換地処分前に従前地を売買した場合，買主は，原則として，換地処分により受ける換地を取得する（注）。ところが，買主が仮換地指定のあったことを全く知らずに従前地の使用収益を目的として購入した場合において，買主が売買の目的を達せられないときは，売主に対して，瑕疵担保責任による契約解除及び損害賠償請求をすることができる場合がある。仮換地の指定がされていない段階においても，同様に瑕疵担保責任が生ずる可能性がある。

（注）　仮換地指定の段階で売買が行われた場合は，新たに土地を取得した者が組合員になること（法25条），組合員の地位に伴い権利義務が発生すること（法26条）及び総会の議決により賦課金が課せられる場合もあること（法40条，41条）に注意すべきである。

1:5:7:5:1　仮換地売買の意義

仮換地の指定により，従前地所有者の使用収益権は仮換地上に移行するが，従前地の処分権は失わない。したがって，従前地を売買することはできるが，仮換地についての所有権の移転登記はできないので，従前地の所有権の移転登記をするしかない。「換地予定地（仮換地）の一部を対象としてされた売買は，格別の事情のない限り，換地予定地における当該土地部分に対応する従前の土地の一部分についてされたものとみるべきである」（高松高判昭42．8．28判タ210-160）。このほか，換地処分が行われることを条件とした将来確定すべき換地の売買とみる説もある。

1:5:7:5:2　仮換地の一部売買

仮換地の特定の一部分を売買したが，その部分が従前の土地のどの部分に対応するかについて合意がなく，かつ，これを確定できないときは，「仮換地全体の面積に対する面積の比率に応じた従前の土地の共有持分につき売買契約が締結され，その持分について処分の効果が生ずるとともに，従前の土地についての持分に基づいて仮換地の当該特定部分を使用収益する権能を認める合意があったものと解すべきである。」（最三小判昭43．9．24民集22-9-1959）。

1:5:7:5:3　仮換地売買後の指定変更

仮換地の売買契約締結後，仮換地の指定変更により仮換地Ａが従前地の一部についての仮換地となり，仮換地Ａがそのまま換地となつた場合に買主が取得する土地について，最高裁は，「山林「ａ」の仮換地「Ａ」について右仮換地自体に着目して売買契約が締結されたのち，仮換地の指定変更により，山林「ａ」の一部である山林「ａ'」につき仮換地「Ａ」と同一性のある仮換地「Ａ'」が，山林「ａ」の残部である山林「ｂ」につき仮換地「Ｂ」が，各指定され，次いで右仮換地がそのまま換地「Ａ"」，換地「Ｂ'」と定められた場合」には，買主は，換地「Ａ"」の所有権を取得するに過ぎず，換地「Ｂ'」の所有権を取得するものではないと考えるのが，売買当事者の意思に合致し，かつ，土地区画整理事業の趣旨にもかなうものと考えられる」とした（最二小判昭51．8．30民集30-7-737，判タ342-152）。

なお，仮換地が分割譲渡されても，施行者は，これに応じて仮換地の指定変更処分をする義務はないとした事例がある（大阪高判昭53.10.27判時930-79）。

1:5:7:5:4　売買目的物の隠れた瑕疵

買主が居宅敷地として使用する目的を表示して買い受けた土地の約８割の部分が都市計画街路の境域内にあるため，買主が居宅を建築しても，早晩，都市計画事業の実施により，その全部又は一部を撤去しなければならない場合において，計画街路の公示が，売買契約成立の10数年以前に，告示の形式でされたものであるため，買主は，買い受けた土地中のその部分が計画街路の境域内にあることを知らなかつたことについて過失があるといえないときは，売買の目的物に隠れた瑕疵があると解するのが相当である（民法570条・566条）（最一小判昭41.４.14民集20-４-649）。

1:5:7:5:5　清算金の帰属

清算金は，指定すべき換地の価格と実際に指定した換地の価格に差（不均衡）が生ずると認められるときに定める。

仮換地指定後で換地処分前に売買した場合における清算金の帰属（徴収又は交付）に関して特約がなく，しかも，仮換地は，予定どおり換地として認可されたときは，「売買の当事者間における関係では，買主は売買の目的物となっていた換地後の土地所有権を取得するのみにて足り，清算交付金は売主に帰属すべきものと解するのが相当である」（最二小判昭37.12.26民集16-12-2544）。

1:5:7:6　仮換地指定後の所有権の取得時効

所有権の取得時効は，他人の物を所有の意思をもって，平穏かつ公然に占有を始め，その占有を開始するに当たり，占有物が他人の物であることを知らず，かつ，知らなかったことに過失がない（善意無過失）場合は10年間，初めから他人の物であることを知っていた場合又は知らなかったことに過失がある場合は20年間，それぞれ占有を継続することが要件である（民法162条）。

1:5:7:6:1　仮換地の占有と従前地の時効取得

仮換地の指定後に，従前の土地を所有する意思をもつてその仮換地の占有を開始した者は，換地処分の公告の日までに民法162条所定の要件を満たしたときに，時効によつて従前地の所有権を取得する。

１筆の従前の土地甲地の特定の一部分である乙部分を所有する意思をもって，乙部分に位置する甲地の仮換地の特定の一部分である丙部分の占有を開始し，後に，乙部分が分筆されて乙地となり，これに対応して，仮換地も分割による変更指定がされ，丙部分が乙地に対応する仮換地として指定された場合に，占有者が所有の意思をもつて，平穏公然と仮換地を占有した期間が，分割による変更指定の前後を通じて民法162条所定の期間に達し，期間の満了が換地処分の公告前であるときは，占有者は，時効によつて，乙地の所有権を取得する（最二小判昭45.12.18民集24-13-2118）。

1:5:7:6:2　仮換地の一部占有による共有持分権の取得

占有に係る土地が，１筆の土地又は一括された数筆の土地に対して指定された１区画の仮換地の一部である場合は，従前地中にこれに対応する部分が特定されていないときでも，時効制度の趣旨に照らし，占有者は，仮換地に対する占有に係る土地部分の割合に応じた従前地の共有持分権を時効取得する。また，占有者が時効取得する所有権ないし共有持分権は，占有に係る仮換地に実際に対応する従前地に対するそれであって，仮換地に対応する従前地が甲地であるのに占有者がこれを乙地と誤信していたとしても，時効取得するのは甲土地に対する所有権ないし共有持分権である（最一小判昭56.６.４民集35-４-735，判時1009-51）。

1:5:7:6:3　従前地の占有による時効取得

換地予定地（仮換地）の指定通知が従前地の所有者にされた後に，従前地を占有したからといって，換地予定地を占有するものでなければ，その従前地の所有権，地上権又は賃借権を時効によって取得することはできない（最二小判昭46.11.26民集25-８-1365）。

【参考３】　土地区画整理事業等の施行地区内の他の土地等の事業用の判定

租税特別措置法基本通達（山林所得・譲渡所得関係の取扱いについて）

(昭46.8.26通達・令2.7.1最終改正)
37-21-2　土地区画整理事業等の施行地区内の土地等の事業用の判定
37-21-3　仮換地等の指定後において取得した土地等の事業用の判定等
37-21-4　権利変換により取得した施設建築物等の一部を取得する権利等の譲渡
37の9-13　土地区画整理法による土地区画整理事業の施行地区内にある他の土地等が事業の用に供されているかどうかの判定については，37-21の2の取扱いを準用する。新都市基盤整備法による土地整理などの場合についても，同様の取扱いをする。

1：6　仮換地上の建物

1:6:1　仮換地上の建物の表題登記

仮換地が指定されると，その仮換地を将来換地として与えられることが予定されている従前地の所有者は，換地処分の公告前でも，建築行為等の許可(法76条1項)を取得すれば，その仮換地に建物を建築することができる。そして，仮換地上に建物を建築したときは，所有者は，1月以内に表題登記を申請しなければならない(不登法47条1項)。

なお，区画整理事業の工事は，換地処分が行われるまでに完了することを原則としているので(法103条2項)，建築工事等の制限も換地処分の公告がある日まで行われることになる。

① 建物の所在地番は，建物が新築された区画整理前の土地の地番(底地)を記録する(昭34.7.10建設計発374号建設省計画局長通達，法務省と協議済み)とともに，換地の予定地番等を括弧書きで記録する。

「○市○町○番地(仮換地○土地区画整理事業地区内○街区○画地)」の例による。従前地の表示及び換地である旨の記録は必要でない(昭43.2.14民事甲170号民事局長回答)。

そして，換地処分の公告後に，施行者の申請により，換地の所在地番への変更登記が行われる。

② 保留地（法 96 条）は，換地を定めないで従前地を減歩した中から生み出された土地であるから，従前地の所有者が持っている土地に対応するものではなく，換地処分までその登記は存在しない。保留地の購入者は，換地処分前からその土地の使用収益権を認められ，その上に建物を建築することができるが，所有権は取得しない。保留地は，換地処分の公告があった日の翌日に施行者が取得した上（同法 104 条 11 項）処分される（同法 108 条）。

保留地は，現実に建物の所在する土地の地番，すなわち，指定された保留地（底地）の地番を記録する。「○市○町○番地（保留地○○土地区画整理事業地区内○街区○番地）」の例による。

1:6:2　仮換地上の区分建物の表題登記

仮換地上に区分建物の表題登記をするときの留意点は，次のとおりである（マン登 2：9：2）。

① 建物図面の敷地の表示は，仮換地の形状及び仮換地の予定地番等並びに建物の位置を実線で記載する。保留地の場合は，底地の形状を点線で記録し，保留地の形状及び保留地の予定地番並びに建物の位置を実線で記録する（昭 40. 4 .10 民事甲 837 号民事局長回答）。

② 換地処分が行われるまで，所有権の機能のうち使用収益権は仮換地に移行するが，処分権は従前地に残ると解されている。したがって，敷地利用権は，仮換地に移行するが，専有部分との分離が禁止される処分権限は，従前地に残るので，敷地権の登記をする土地は，仮換地ではなく，従前地である。

③ 保留地は，専有部分との分離が禁止される敷地権の目的である土地に当たらないので，敷地権としての登記はできない。保留地については，換地処分後所有権の登記を得てから，その敷地権である旨の登記をするか，分離処分可能のまま所有するかの選択をすることになる。

④ 敷地権付き区分建物の敷地権の目的である土地の表示は，従前地の所在・地番等を記録する。したがって，敷地権である旨の登記は，従前地の登記記録にする。従前地数筆に対して数筆の仮換地が与えられているとき

の法定敷地か規約敷地かの判断は，仮換地上の建物の位置によりする。この場合，一棟の建物の所在と敷地権の目的である土地の所在が異なることになる（質疑 58-20）。

1:6:3　仮換地指定後の建築物等の移転又は除却

1:6:3:1　建築行為等の制限

一定の地域について土地区画整理事業の着手の公告（法 76 条 1 項各号）があった場合は，その後の事業計画実施の障害となる建築行為等をさせることは，施行者のみならず，その行為をする者に対しても無駄な労力を費やさせることになる。そこで，法は，この公告後の建築行為等は制限している。

①　事業施行の障害となるおそれがある建築行為等をしようとする者は，都道府県知事（又は国土交通大臣）の許可を受けなければならない（同条 1 項，令 70 条）。（注）

なお，工事は，換地処分が行われるまでに完了することを原則としているので（法 103 条 2 項参照），建築行為等の制限も換地処分の公告がある日までに行われる。

②　①に違反した場合，国土交通大臣又は都道府県知事は，土地の原状回復又は建築物等の移転若しくは除却を命ずることができる（法 76 条 4 項）。

③　②の命令の相手方を過失なくして確知できないときは，国土交通大臣又は都道府県知事は，自らその措置をし，又は命じた者若しくは委任した者に措置を行わせることができる（同条 5 項）。

なお，本条の違反者に課せられた原状回復等の義務を行政代執行（行政代執行法 2 条）によりすることもできる。

（注）　建築物の敷地の所有者には，この許可の取消しを求める法律上の利益はない（さいたま地判平 23. 5 .25 判自 354-86）。

1:6:3:2　建築物等の移転又は除却

①　施行者は，次の場合において，従前地上にある建築物等（建築物その他の工作物又は竹木土石等をいう。）を移転し，又は除却することが必要なときは，これらの建築物等を移転し，又は除却することができる（法 77 条 1 項）。こ

れは，施行者の義務でもある。

a　仮換地若しくは仮換地について仮に権利の目的となるべき宅地若しくはその部分が指定された場合（法98条1項）

b　従前地若しくはその部分の使用収益を停止させた場合（法101条1項）

c　公共施設の変更又は廃止に関する工事をするため，建築物等を移転し，又は除却する必要がある場合

② 建物移転の方法には，主として，従前地上の建築物を仮換地までえい行して移転するえい行移転と，いったん取り壊した上で仮換地上に再築する解体移転の二つの方法がある。

このほか，建物の一部を切り取り，残地内で残存部分を一部改築又は増築する特殊解体という方法もある。

③ 施行者が，従前地上に存する建築物等をえい行移転又は解体・除却する必要が生じた場合は，その建築物等の所有者及び占有者に対し，相当の期限を定め，その期限経過後に移転又は除却する旨を通知するとともに，所有者に対して，その期限までに自ら行う意思があるかどうかを照会しなければならない（法77条2項）。

期限後は，その建築物の所有者及び占有者は，施行者の許可を得た場合を除き，その建築物等を使用することはできない（同条8項）。

④ 建築物等の移転又は除却手続によって，建物の分割，合併，滅失，構造の変更，床面積の変更又は所在地番の変更があったときは，施行者は，建物の表題部の変更等の登記又は滅失登記を申請しなければならない。

設定されていた抵当権等の担保権は，えい行移転であれば存続し，解体移転であれば消滅する。建物の賃借権は，えい行移転であれば存続する。

⑤ 解体移転した場合であっても，賃借権の存続が認められる場合がある。すなわち，建物の移転が可能であるときは，その建物が朽廃に近いため移転するにつき相当の費用を要するのに移転後の建物の残存価値が少ない等特段の事情のない限り，従前の建物の賃貸人は，賃借人に対し，建物を任意に移転させた上，その建物につき賃貸借を継続する義務を負うからであ

る（最三小判昭 42.10.31 民集 21－８－2194，判時 501－69）。

1:6:3:3　建築物等の移転又は除却の基準

仮換地の減歩等により移転が不可能な場合，建築物等が老朽しているため移転できない場合，換地不交付の場合など移転が事実上又は法律上不可能な場合を除き，原則として，建築物等は移転させなければならない。

① 施行者は，建物を仮換地上に移転させることが事実上ないし法律上可能な限り，移転させるべきである。移転が不可能な場合，例えば，仮換地の減歩により従前地上に存する建物が仮換地上に入らないか，あるいは仮換地が申告のあった他の借地権者の使用区分として指定されて，他に移転すべき更地がなくなってしまった場合などに限って，除却することができると解するべきである（千葉地判昭 34．９．18 行裁例集 10－９－1828）。

② 除却通知処分がされると，建築物等の所有者は，事実上重大な損害をこうむるおそれがあるから，施行者は，建物所有者が従前地に対して使用収益権原を有しないことが明白な場合のほかは，法律上又は物理的に可能である限り，移転通知処分を行うべきである。

もっとも，この移転通知処分によって移転建物の所有者が仮換地上にその占有権原を取得する等私法上の権利義務関係を新たに創設するものではない。

また，従前地について権利の申告（法 85 条）がされず，使用収益部分の指定を受けていない場合であっても，そのことにより建築物等の除却をすべきではない（神戸地判昭 40．12．２行裁例集 16－12－2027，判時 437－24）。

1:6:3:4　建物を移転した場合の建物の同一性

えい行移転の場合，建物の同一性は認められる。したがって，えい行移転により旧登記記録を閉鎖して移転建物についてされた新登記は無効である。

不登法にいう「滅失」とは，建物が物理的に壊滅して社会通念上建物としての存在を失うことであって，その壊滅の原因が自然的であると人為的であると問わない。また，建物全部が取り壊され，物理的に消滅した事実があれば，その取壊しの目的が再築のためか移築のためかを問わない。したがって，解体移転の場合は，従前の建築物等の材料の大部分を使用し，規模及び構造が同一であるとしても，旧建物について滅失登記をし，新築された建物については表題登記をしなければならない（昭32.10.7民甲1941号民事局長回答，同旨：最一小判昭62.7.9民集41-5-1145，判時1256-15（ただし，反対意見がある。））（注）。

なお，解体移転の工法により仮換地上に移築された建物について，登記手続上移築前の建物との間に同一性を認め，旧建物について存在した抵当権は，換地上の新建物に移行すると解するのが相当であるとした判例がある（大阪高判昭56.5.8判時1034-70）。

（注）　本件判決（原審を含む。）の詳細については，藤原・諸問題（登研805-26）参照。

1:6:3:5　建物の移転又は除却による担保権への影響

建物が移転又は除却された場合，建物に存する担保権への影響は，次のとおりである。

①　えい行移転のときは，同一の建物が存続するので，担保権は，引き続き，その建物に及ぶ。

②　解体移転及び建物除却のときは，従前の建物は滅失するため担保権は消滅する。しかし，取り壊された建物の材料に担保権を及ぼすことができるほか，債務者に対して，担保目的物を毀滅したことが期限の利益の喪失事由（民法137条2号）に該当するとして，債権額全額を請求することができるとともに，債務不履行又は不法行為による損害賠償請求が可能な場合もある。

③　施行者が，除却した建築物等に対する補償金を支払う場合において，その建築物に抵当権等があるときは，その補償金を供託しなければならない（法78条5項）。ただし，建物所有者が自発的に除却した場合は，その義務はない（東京地判昭40.7.6判時443-43）。

④　③の担保権者は，供託された補償金について権利を行使することができる（同条6項）。

1:6:3:6　仮換地指定に伴う建物の移転又は除却による登記

仮換地指定に伴いすべき建物の移転又は除却による登記は，次のとおりである。

a　建物をえい行移転した場合は，所在地番の変更登記

b　解体移転した場合は，滅失登記及び表題登記（昭32.10.7民事甲1941号民事局長回答）

c　特殊解体の場合は，所在地番，種類，構造又は床面積の変更登記

d　建物が除却された場合は，建物の滅失登記

これらの登記は，一般の登記手続と何ら変わるところはない。また，これらの登記については，換地処分までに登記原因が生じており，必ずしも換地処分の登記と同時にする必要はない。建物所有者が申請することも妨げない。

なお，換地処分前にする表題登記又は建物の所在地番の変更登記により，登記記録の表題部に記載される建物の所在地番は，現に建物の存する底地の所在地番とともに，換地の予定地番を括弧書きで併記するため（昭43.2.14民事甲170号民事局長回答），換地処分の公告後に所在地番の変更登記（3：3：1）が必要となる。

1：7　換地の特例

換地計画においては，原則として，従前地に対して換地を定めなければならないが，次のような例外がある。

1：7：1　立体換地

立体換地は，従前地又は借地権について，換地又は借地権の目的となる宅地若しくはその部分を定めないで，「施行者が処分権限を有する建築物の一部（共用部分の共有持分を含む。）及びその敷地の共有持分」を与える制度である（法93条1項，2項，3：3：2）。もっとも，法は，「立体換地」という用語は使用していない。「宅地の立体化」の規定である。なお，借地権は，登記されたものである必要はないと解されている。

「施行者が権限を有する建築物（の一部（その建築物の共用部分を含む。以下同じ。））」とは，施行者が所有権を有し，いつでも処分することができる既存の建築物及び新たに施行者が建築する建築物である。

「建築物の一部（その建築物の共用部分を含む。）」としているのは，この場合の建築物を共有建築物とし，共用部分があることを前提にしているためである。また，この建築物の敷地についても共有部分を定めることとしていることも共有建築物であることを前提にしているからである。

立体換地を設けるのは，密集市街地における宅地の高度利用を図るためである。過小宅地（借地）が存する場合（法 91 条，93 条 1 項），災害を防止するために特に必要がある場合（法 93 条 2 項），宅地所有者からの申出等がある場合（同条 4 項）である。

この立体換地に関する手法は，従前地の借家権の処理等について定めていないなどの不備があるため，土地区画整理事業ではあまり利用されていなかったが，都再法の市街地再開発事業（第一種市街地再開発事業における権利変換方式）として活用されている（1:7:8）。

立体換地される建築物は，主要構造部が耐火構造（建基法 2 条 7 号）でなければならない（同条 6 項）。

1:7:1:1　過小宅地又は過小借地の場合

地積の小さい宅地又は借地については，換地計画において換地を定めず，又はその借地権の目的となるべき宅地若しくはその部分を定めないで，建築物の一部及びその建築物の存する土地の共有持分を与えるように定めることができる（法 93 条 1 項）。

これは，密集市街地においては，過小宅地又は過小借地をなくすことが，災害防止及び衛生の向上の観点から最も要請されるところであるにもかかわらず，余裕のある宅地が少ないため，宅地又は借地の地積の適正化（法 91 条，92 条）が困難なことから設けられた制度である。したがって，この措置を執り得る施行者は，地方公共団体，国土交通大臣，都市再生機構及び地方住宅供給公社に限定されている。

この建築物について「施行者が処分する権限を有する」ものとは，施行者が所有権を有して，いつでも処分し得る建築物及び土地区画整理事業として新たに施行者が建築する建築物をいう。「建築物の一部（その建築物の共用部分の共有持分を含む。）」とし，さらに「土地の共有持分を与える」としているのは，この建築物が「敷地権付き区分建物」（3：3：2：2）であることを前提にしているためである。

1:7:1:2　災害を防止するために特に必要がある場合

この施行者は，市街地の土地の合理的利用上及び火災，地震等の災害防止のために，特に必要な場合には，防火地域（都計法８条１項５号）で高度地区（同項３号）内の「宅地の全部又は一部」について，過小宅地等の整理の場合と同様に個々の権利者の同意を得ることなく，その代表機関である土地区画整理審議会の同意を得れば，宅地の立体化をすることができる（法93条２項）。

1:7:1:3　宅地所有者からの申出等がある場合

1：7：1：1，1：7：1：2の場合において建築物の一部等よりも金銭清算を望む旨の申出があったときは，それに応じなければならない（法93条３項）。

宅地所有者の申出又は同意があった場合は，施行者に1：7：1：1のような限定はなく，組合等も立体換地方式をとることができる。ただし，その土地に所有権以外の借地権その他の使用収益が設定されているときは，これらの権利を有する者の同意を得なければならない（同条４項）。

1:7:1:4　借地権者からの申出等がある場合

借地権者の同意を得て宅地について換地を定めず，又は権利の目的となるべき部分を定めない場合において，借地権者が建築物の一部等を与えられるよう申し出たときは，借地権者に対しても建築物の一部等を与えるように定めることができる（法93条５項）。

1:7:1:5　清算金

立体換地によって換地を定めず，又は権利の目的となるべき宅地若しくはその部分を定めないで，建築物の一部を与えるように定めた場合は，清算金については，その建築物の部分及びその敷地を換地又は換地について定められた権利の目的となるべき宅地若しくはその部分と同様とみなす（法94条後段）。

【判例９】　申出換地と照応の原則

土地区画整理事業施行区域内の特定の数筆の土地につき所有権その他の権利を有する者全員が他の土地の換地に影響を及ぼさない限度内においてその数筆の土地に対する換地の位置範囲に関する合意をし，合意による換地を求める旨を申し出たときは，施行者は，公益に反せず事業施行上支障を生じない限り，法89条１項所定の基準によることなく，合意されたところに従つて各土地の換地を定めることができる（最一小判昭54．３．１集民123-197，判タ394-64，同旨東京高判平５.12.27判タ871-173）。

なお，換地処分において，共同利用を前提とする地権者間の合意に基づいてされた換地の申出を認めて，照応の原則によらずに，申出換地を定めたことが適法とされた事例がある（東京地判平27．９.15判時2295-54）。

この判決は，仮換地の指定，仮換地の指定変更及び換地処分は，いずれも別個の行政処分であり，換地処分に先立って仮換地を指定する必要はなく，仮換地の指定は，暫定的な処分にすぎず，仮換地の指定の効果が存続する限り，それを抗告訴訟で争い得るので，仮換地の指定や変更が仮に違法であっても，その違法性は換地処分に承継されないとする。

申出換地等に伴う留意事項については，運用指針Ｖ２－１⑹参照

1:7:2　住宅先行建設区

住宅需要が著しい地域に係る都市計画区域で国土交通大臣が指定する区域において，施行地区における住宅の建設を促進するため特に必要があると認められるときは，住宅を先行して建設すべき土地の区域を定めることができる。この区域を住宅先行建設区という（法６条２項，３項）。

1:7:2:1　申出

施行地区内の宅地の所有者で換地に住宅を先行して建設しようとする者は，事業計画認可の公告等（法76条１項各号）があった日から起算して60日

以内に，施行者に対して，換地に建設しようとする住宅の「建設計画書」（規則10条の3別記様式第二）を提出して，換地計画において，換地を住宅先行建設区に定めるべき旨の「住宅先行建設区換地申出書」（規則10条の2の2別記様式第一）を提出することができる（法85条の2第1項）。借地権者がいるときは，その同意がなければならない（同条3項）。

1:7:2:2　換地

申出（1:7:2:1）により指定された宅地は，換地計画において換地を住宅先行建設区内に定めなければならない（法89条の2）。照応の原則の例外を定めたものといえる。保留地（法96条），参加組合員に与える宅地（法95条の2）及び創設換地（法95条3項）などである。

1:7:2:3　建設義務

住宅先行建設区では，住宅建設が進展しにくい施行地区で，速やかな住宅建設が行われることが望まれるので，一定期間内に住宅を建設することを義務付けており（法117条の2第1項），換地計画においてその宅地の換地となるべき仮換地が指定された場合は，その時から建設義務が発生する（同条2項）。

1:7:2:4　勧告等

施行者は，換地に住宅が建設されるように勧告することができ，換地の所有者等がその勧告に従わない場合は，指定の取消し，換地計画の変更又は仮換地指定の変更をすることができる（法117条の2第3項，4項）。

1:7:3　市街地再開発事業区

市街地開発事業について都市計画に定められた施行区域をその施行地区に含む土地区画整理事業の事業計画においては，施行区域内の全部又は一部について，土地区画整理事業と市街地再開発事業（都計法12条1項4号）を「一体的に施行すべき土地の区域」を定めることができる。この区域を市街地再開発事業区という（法6条4項，都再法118条の32）。

① 市街地再開発事業区が定められたときは，施行地区内の宅地の所有者又は借地権者は，公告等があった日から起算して60日以内に，施行者に対

して，換地計画において，宅地の換地を市街地再開発事業区内に定めるべき旨の申出書（規則10条の5別記様式第三）を提出することができる（法85条の3第1項）。申出者以外に土地の関係権利者がいるときは，その同意がなければならない（同条2項）。ただし，担保権者は，権利変換によっても従前の担保価値が保証されるから，その者の同意は必要でない。

② ①により指定された宅地は，換地計画において換地を市街地再開発事業区に定めなければならない（法89条の3）。照応の原則の例外である。1：7：8で詳述する。

1：7：4　高度利用推進区

施行地区に高度利用地区（都再法3条1項）又は地区計画（都計法12条の4第1項1号，12条の5）の区域等を含む事業計画においては，区域内の全部又は一部（市街地再開発事業区が定められた区域を除く。）について，土地の合理的かつ健全な高度利用の推進を図るべき土地の区域を定めることができる。この区域を高度利用推進区という（法6条6項）。

① 高度利用推進区が定められたときは，施行地区内の宅地の所有者又は借地権者は，一人又は数人が共同して，公告等があった日から起算して60日以内に，施行者に対し，換地計画において，宅地の換地を高度利用推進区内に定めるべき旨の「高度利用推進区換地申出書」（規則10条の6別記様式第四）を提出することができる。この場合，借地権者は，借地権の目的となっている土地の所有者と共同でしなければならない（法85条の4第1項，4項）。

② 施行地区内の宅地の所有者は，数人が共同で，施行者に対し，換地計画において宅地についての換地を定めないで，高度利用推進区内の土地の共有持分を与えるよう定めるべき旨の「高度利用推進区宅地共有化申出書」（規則10条の6別記様式第五）を提出することもできる（法85条の4第2項）。

③ これにより指定された宅地は，換地を高度利用推進区に定め，又は土地の共有持分を与えるように定めなければならない（法89条の4）。照応の原則の例外である。

1:7:5　共同住宅区

大都市法に基づき創設された大都市地域に特定する土地区画整理事業には，次の特徴がある。

①　都市計画において土地区画整理促進区域の制度を設けて（5条），この区域内で一定期間内に土地区画整理事業を施行することを義務付け，大量かつ良質な宅地の供給を図り，大都市圏の住宅地不足の緩和と良好な住宅市街地整備を目的とする。事業主体は一般の土地区画整理事業と同じである。

②　土地区画整理促進区域で施行される特定土地区画整理事業（10条）においては，共同住宅区（13条）や集合農地区（17条）を設けることができるようにするとともに，義務教育施設（20条）及び公営住宅等及び医療施設等（21条）の用地を確保するために，換地計画において特別の措置ができるようにしている。（注）

③　共同住宅区においては，指定規模以上の宅地の所有者は，借地権者の同意を得て，その宅地を同区内の換地として定めるべき旨の申出をすることができる（14条1項，15条1項）。施行者は，その宅地又はその共有持分を同区内の換地として指定し（14条2項，15条3項），換地又はその共有持分を定めなければならない（16条1項，2項）。そのシステムは，次の復興共同住宅区（1:7:6）とほぼ同様である。

④　このほか，大都市法は，住宅街区整備促進区域（第5章）及び住宅街区整備事業（第6章）について定めている。

（注）　特定土地区画整理事業は，昭和50年大都市法により創設した大都市地域に特定する土地区画整理事業である。都市計画において土地区画整理促進区域の制度を設け（大都市法3章），この区域内で一定期間内に土地区画整理事業を施行することを義務付けることにより，大量で良質な宅地の供給を図り，大都市圏の住宅地不足の緩和と良好な住宅市街地整備を目的としている。事業主体は，一般の土地区画整理事業と同じである。

また，土地区画整理促進区域で施行される特定土地区画整理事業（同法第4

章）においては，共同住宅区，集合農地区を設けることができるようにするとともに，義務教育施設用地，公営住宅等用地を確保するために，換地計画において特別の措置ができるようにした。

さらに，農地の所有者などは農業経営と住宅経営との両立，学校用地の取得が困難な，あるいは公共住宅が不足している大都市地域においても，住宅供給の促進が図られ，義務教育施設・公営住宅などの用地確保も可能となるよう，無利子貸付金の助成など一般の土地区画整理事業と比べて有利な措置が講じられている。

1:7:6　復興共同住宅区

被災市街地復興推進地域（被災法５条）内の土地区画整理事業に基づく事業計画においては，共同住宅の用に供すべき復興共同住宅区を定め，所有者の申出により，一定規模以上の宅地の換地を同区内に定めることができる（同法11条）。詳しくは，後述（1：8）する。

【参考４】　立体換地と高度利用推進区の違い

立体換地制度と高度利用推進区は，いずれも集約された敷地に共同建物が整備されることになるが，次のような違いがある。

	高度利用推進区制度	立体換地制度
特　　徴	民間事業者のノウハウ・資金力を活用した優れた建築物整備	過小宅地対策・防災性向上を目的とした土地区画整理事業施行者による建築物整備
内　　容	地権者が共同で建物を建設するために敷地を集約化	土地の権利を施行者が整備する建築物の床に権利変換
建築物の整備	土地区画整理事業と別事業	土地区画整理事業の一部
整備主体	地権者又は第三者（民間事業者）等	土地区画整理施行者（地方公共団体・大臣・公団等に限る。）
建築物の制限	敷地面積が一定規模以上であること	主要構造部が耐火構造であること

換地される権利	土地の所有権又は共有持分	土地の共有持分及び建築物の一部
制度活用の要件	• 高度利用地区 • 都市再生特別地区 • 特定地区計画等区域	①過小宅地を有する場合 ②防火地域かつ高度地区 ③申し出又は同意がある場合
適応の方法	申出換地	①，②は土地区画整理審議会の同意 ③は申出換地

（注）「まち登23ページ」による。

【参考5】 市街地再開発事業区と高度利用推進区の違い

市街地再開発事業区と高度利用推進区は，いずれも申出により希望者の敷地を集約ための換地特例制度であるが，次のような違いがある。

	高度利用推進区	市街地再開発事業区
方　　法	任意（法定手続によらない権利設定契約）	市街地再開発事業（法定手続による権利変換）
区域設定要件	高度利用地区，都市再生特別地区又は特定地区計画等の区域	同左の区域及び市街地再開発事業の施行区域
区域の規模	申出が見込まれる規模	同左
換地の方法	申出換地	同左
申　　出	所有権者 借地権者は所有者と共同	所有権者，借地権者
換地の形態	個別換地と共有換地から選択	個別換地とした上で市街地再開発事業によって原則共有化
申出をしない地権者	換地位置の制限	同左
その他	申出をする宅地の建築面積の最小限度を定める	

（注）「まち登22ページ」による。

1：7：7　保留地

① 個人（法3条1項），土地区画整理組合（同条2項）又は区画整理会社（同条3項）は，換地計画において，事業の施行費用に充てるため，又は定款等で定める目的に供するため，一定の土地を保留地として定めることができる（法96条1項）。この保留地は，仮換地と異なり，対応する従前地がないので，換地処分が行われるまで登記することはできない。

保留地は，換地処分をした旨の公告（法103条4項）があった日の翌日に施行者が（原始）取得するが（法104条11項），保留地を定めた目的のために処分しなければならない（法108条1項）。

② 個人，組合又は区画整理会社以外の施行者は，事業施行後の宅地の価額の総額が，施行前の宅地の価額の総額を超える場合に限り，その差額に相当する金額を超えない価額の一定の土地を，土地区画整理審議会の同意を得て，保留地として定めることができる（法96条2項，3項）。したがって，減価補償金を交付する必要がある場合（法109条，令60条2項）はできない。

③ 保留地は，換地処分の公告のある日までは施行者が管理権のみを有し，公告の日の翌日に，施行者が国土交通大臣の場合は国が，その他の施行者の場合は施行者が，その所有権を取得する（法100条の2，104条11項）。

④ 大都市法による特定土地区画整理事業（1：7：5②）においては，施行地区内の宅地の所有者等すべての者の同意を得た上で，公営住宅等の用に供するため，一定の土地を換地として定めないで，保留地とすることができる（大都市法21条）。

⑤ 保留地を定めることができる要件に違反する違法な換地計画に基づいて指定された仮換地は，違法な保留地の指定により過大な減歩がされたものであり，換地計画中保留地と定まった部分が取り消されると，各地権者に指定された仮換地の地積が増える蓋然性があると考えられるから，各地権者は，保留地の指定の取消しを求めることができる。保留地は，もっぱら事業費に充てるために認められており，それ以外のために設けられた保留

地の設定は，違法であるからである（名古屋地判平３.４.26 判タ 777-16）。

⑥　保留地の設定の処分性については，これを認める説（大場・縦横 448）もあるが，裁判例（東京高判平５.10.14 判時 1496-46）は消極に解している。

判決は，保留地の設定については，換地及び清算金についての処分と異なり，換地計画の決定及びその認可と別個に行政庁（施行者）の公権力の行使に当たる行為が存在するわけではなく，法 103 条４項の公告があったことにより，施行者が保留地を取得する法律効果が生ずるとしても，それは法の規定によるものであって，狭義の換地及び清算金についての処分と同等の意味での保留地の設定という行政処分が存在するものではないとし，保留地の設定の取消しを求める訴えは，その対象を欠く不適法な訴えであるとした。

⑦　第三者に対する換地処分を争う抗告訴訟については，積極に解する裁判例（津地判昭 57.４.22 判時 1059-60）もあるが，最高裁（最三小判昭 44.１.28 民集 23-１-28，土地改良法によるもの），広島高裁（昭 61.４.22 行集 37-４／５-604）は消極に解している。ただし，最高裁は，市が施行する区画整理事業において取得した保留地（法 104 条 11 項）を随意契約の方法により売却する行為は，住民訴訟の対象となる「財産の処分」及び「契約の締結」に当たると判示している（最一小判平 10.11.12 民集 52-８-1705）。

1：7：8　土地区画整理事業と市街地再開発事業の一体的施行

1:7:8:1　意義

土地区画整理事業と市街地再開発事業とは，「一体的施行」が制度化されている土地区画整理事業の施行地区の一部を市街地再開発事業の施行地区（都再法２条３号）に含めて市街地再開発事業を施行し，換地計画を定めて，仮換地指定のされた土地を従前地とみなして権利変換（同法 70 条以下）をする手法である（まち登 27 ページ以下を参照）。

類似の制度としては，大都市地域における宅地開発と鉄道整備を一体的に推進するための「一体型土地区画整理事業」（宅鉄法 11 条）がある。

【図２】　一体的施行図

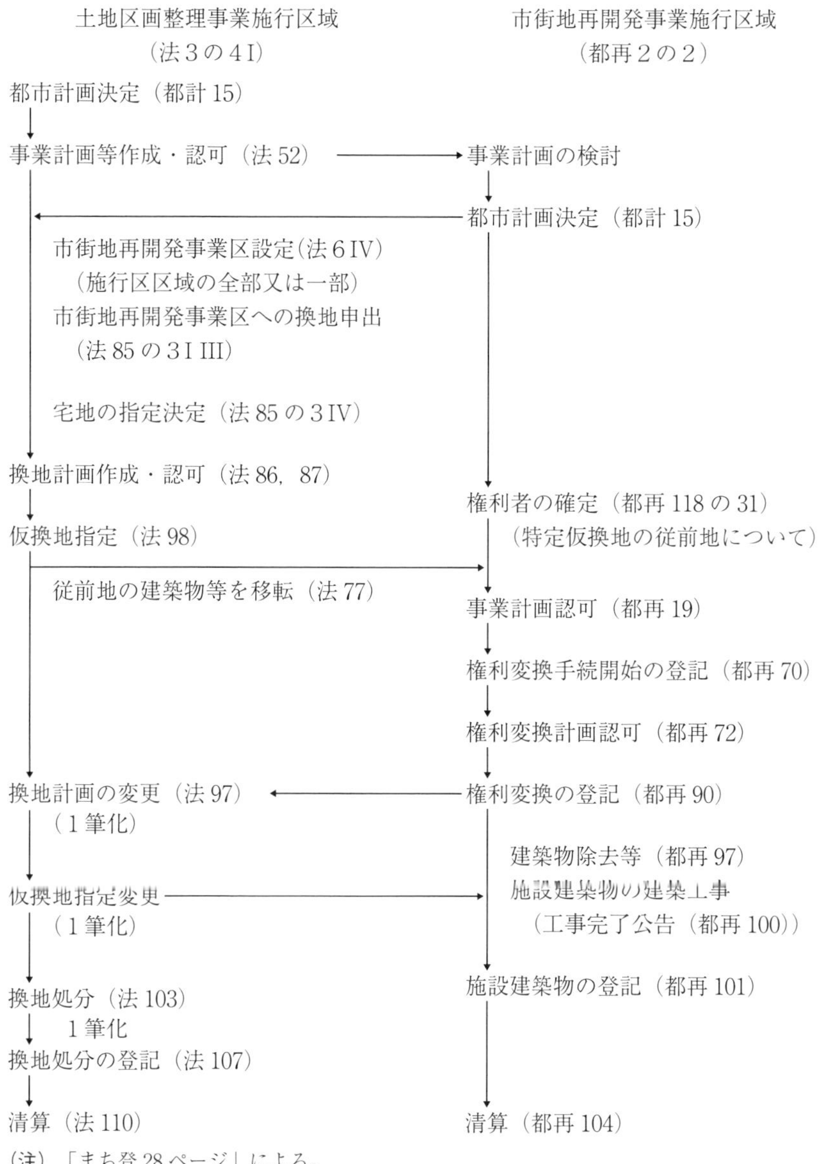

（注）「まち登 28 ページ」による。

1:7:8:2　市街地再開発事業

① 市街地再開発事業は，市街地の土地の合理的かつ健全な高度利用と都市機能の更新とを図ることを目的として行われる建築物，建築敷地及び公共施設の整備に関する事業である（都再法２条１号）。都市計画区域（1：1：1）においてすることができる（都計法12条４号）。施行地区（都再法２条３号）内の建物をすべて取り払い，高層の新しいビル（いわゆる再開発ビル）を建築して，余裕の出た土地に道路や広場等の公共施設を建設する。

② 事業は，権利の処分方法の違いにより，「権利変換方式」による第一種市街地再開発事業と「管理処分方式（用地買収方式）」による第二種市街地再開発事業とに分けられる。

a　第一種市街地再開発事業

事業の施行地区内の土地，建物等に関する権利を，買収や収用によらず，一連の行政処分により，施設建築物及びその（施設建築）敷地に関する権利に変換するものであり，権利の一括処理を行うため比較的規模の小さい地区に適している。

この事業は，権利調整のために権利変換手続の手法を用いており，施行地区内の土地及びその土地にある建物の登記については，不登法による一般的な登記手続によることは困難なので，都再法132条でその特例を定めることができるとし，「都再法による不動産登記に関する政令」が定められている。

b　第二種市街地再開発事業

一般の公共事業と同様に，いったん事業の施行地区内の土地，建物等を施行者が買収又は収用をし，買収又は収用をされた者が希望すれば，その対償に代えて，施設建築物及びその敷地に関する権利を与えるものであり，個別処理が可能であるため，規模の大きい地区，権利関係が極めて複雑な地区，急を要する地区に適している。

原則として，施行地区内の土地，建物に関する権利を施行者が買収又は収用により取得するので，一般的な登記手続によりすることができる。従前の担保権の処理を除いては，特別な手当を必要としないので，都再令は，第二種市街地再開発事業に関する規定は設けていない。

③　土地区画整理事業においては，事業の最終段階である換地処分によってはじめて，所有権の取得登記がされる（法107条2項）。仮換地指定の段階では，換地についての仮換地使用収益権がある（法99条1項）のみで，所有権は，従前地にあるままである。

したがって，市街地再開発事業において権利変換の対象となる宅地の所有権は，法律上は，従前地である。そのため，換地により再開発区域から出ていく土地が含まれ，入ってくる土地は含まれないことになる。そこで，かつては，地権者間であらかじめ仮換地を権利変換の対象とすることを合意した上で事業を進めていた。

④　この手法は，「合併施行」「同時施行」といわれ，地方公共団体が施行する大規模な区画整理の中で行われてきたものである。しかし，次のような問題点があった（国土交通省市街地整備課「特集　区画整理と再開発の連携　土地区画整理事業と市街地再開発事業の合併施行について」区画整理2011．5－6）

a　再開発区域から他の区画整理施行地区の部分に出ていく土地については，地権者から組合員にならない旨の同意を取り，さらに都市計画から権利変換に至る過程で関係者全員の同意を取る必要がある。そのため，全員の同意が取れないと事業が止まってしまい，また，同意には法的根拠がないため，譲渡等の承継があると，買受人等から同意を撤回される危険があった。

b　再開発区域の外から入ってくる土地については，その上の建築物が権利変換の対象と認められないため，権利変換手続開始の登記（都再法70条1項）ができないなど，取引の安全性を欠き，かつ，権利処分の施行者承認制度（同条2項）が働かないという問題もあった。

c　再開発区域に指定された仮換地を対象に権利変換を行わなければならないが，仮換地の使用収益権は，これに対応する従前地に係る所有権等の使用収益権原に基づくものにすぎず，所有権等は，仮換地に対応する従前地に存在したままである。

d　これらの事情により，仮換地に対応する従前地の権利が，市街地再開発事業の施行地区外に存在している場合は，権利変換計画に定めることができず，権利変換後の登記上の権利として確定させるためには換地処分まで待たなければならない。しかし，仮換地の指定から換地処分まで数年かかるなど事業の円滑かつ確実な実施は困難であり，そのため，権利関係が不安定なままになっていた。

⑤　このような問題点を解消するため，法及び都再法を改正し，換地処分を待たずに市街地再開発事業における権利変換手続を確定的に施行することができるように，両事業を一体的に施行する制度が創設された。

なお，この制度が発足する前に施行が開始された土地区画整理事業についても，市街地再開発事業区を活用して一体的施行が必要であると認められる場合は，事業計画を変更して，市街地再開発事業区を設定することが可能である（一体的施行通達第２の１⑵２）。

1:7:8:3　市街地再開発事業区への申出換地

①　再開発希望者を対象とする申出換地制度である（法85条の３）。この制度の活用により，区画整理の照応の原則（法89条１項）に反する飛び換地（照応の原則に反することになる。）が合理化されることになったが，この制度を使わないからといって，後述④の「特定仮換地に対する再開発施行の特例」が適用されないことにはならない。

市街地再開発事業区（法６条４項）は，区画整理と再開発を一体的に施行すべき土地の区域であり，申出換地制度により，再開発に参加する者を同区内に集約するとともに，再開発に参加せず区外に転出させることを認め，区域の設定を行うものである。

市街地再開発事業区は，事業計画で定められるが，再開発の施行区域内でなければならないから，あらかじめ市街地再開発事業の都市計画決定をしておく必要がある。

なお，市街地再開発事業区は，市街地再開発事業への参加希望者を換地によって集約する手続を明示したものであって，照応の原則に適合した換地設計をする場合には，市街地再開発事業区を定めずに一体的施行を行うことも可能である（一体的施行通達第2の1(2)5）。

② 市街地再開発事業区が定められると，それを設定した事業計画の決定・変更の公告日から起算して60日以内に換地を市街地再開発事業区内に定めるべき旨の申出が行われる（法85条の3第1項，3項，規則10条の5別記様式第三）。同区内で行われる再開発に参加を希望する者は，この申出をしなければならない。

なお，宅地及び建築物その他の工作物の使用収益権者（地役権者を除く。）がほかにいる場合，所有権者（又は借地権者）は，区外から区内に入るための申出をするについては，それら権利者全員の同意を必要とする（同条2項）。

担保権者は，権利変換によっても従前の担保価値が保証されるから，同意は必要としない。

③ 申出を受けた施行者は，区内に定めることができる土地を指定し，その旨を公告するとともに，申出者に通知する。申出量が多過ぎて，全部を指定することができない場合は，余剰分について申出に応じられない旨を決定し，申出者に対して通知をする（同条4項，5項）。

④ 施行者は，③により申出に係る宅地を市街地再開発事業区内に換地が定められるべき宅地として指定（同条1項，4項）した上，その指定された宅地について仮換地の指定をする（法98条1項。これを「特定仮換地」（都再法118条の31第1項）という。）ことから，市街地再開発事業区内の宅地は，すべて特定仮換地となる。すなわち，換地計画に基づき換地となるべき土地に指定された特定仮換地は，区画整理と再開発の橋渡しをするものであり，再開発は，区画整理事業で特定仮換地としたものを対象として事業をすることになる。

⑤ しかし，仮換地は，これに対応する従前地についての使用又は収益の権原に基づき使用又は収益をすることができる（法99条1項）にすぎないか

ら，仮換地を対象として権利変換を行うことはできない。

そのため，市街地再開発事業区における宅地に係る権利変換手続については，特定仮換地の使用又は収益の権原であるところのこれに対応する従前地に関する権利を市街地再開発事業の施行地区内の土地に関する権利とみなして権利変換を行うとされている（都再法118条の31第1項）。

⑥　事業の都市計画決定を必要としない個人施行の場合は，市街地再開発事業区ではなく高度利用推進区（法6条6項，85条の4，1：7：4）により換地を行った後に特定仮換地とするなどして，一体的施行に切り替えることができる。

⑦　土地区画整理事業の結果，土地の価額は，通常，従前地の価額に比べて上昇する。一方，市街地再開発事業においては，従前の権利と従後の権利は，原則として，等価に変換される（都再法80条，81条）。そのため，特定仮換地に対応する従前地をもとに価額を算定すると，土地区画整理事業の成果である価額の上昇が，市街地再開発事業に反映されないことになる。そこで，特定仮換地に対応する従前地に関する権利の価額若しくはその概算額又は見積額を定めるときは，その権利が仮換地に存するものとみなすこととしている（同法118条の31第2項）。

1:7:8:4　読替規定

一体的施行のため，都再法には，次のような読替規定が整備されている（都再令46条の15，16）。

a　関係権利者，組合員等を集合的に扱う規定については，特定仮換地以外の宅地に係る権利者と特定仮換地に対応する宅地に係る権利者を合わせて集合的に適用対象とする。

例……組合設立発起人（11条），組合設立に必要な関係権利者の同意（14条），組合員の資格，議決権（20条，33条，44条），権利変換計画に関する規定（73条以下）

b　施行地区内の土地を一団のものとして扱う規定については，特定仮換地以外の宅地と特定仮換地の従前の土地とを併せて集合的に適用対象とする。

例……施設建築敷地（75条，76条），担保権の処理（78条，89条），権利変換の登記（90条）

c　個別の権利者又はその有する権利若しくは個別の土地又は建築物に関する規定については，特定仮換地に関するものについて当該権利者等を施行地区内に権利を有する権利者等とみなす（都再法118条の31第1項，2項）。

1:7:8:5　特定仮換地の指定手続

換地計画に基づき換地となるべき土地に指定された特定仮換地（1：7：8：3④）は，区画整理と再開発の橋渡しをするものであり，再開発は，土地区画整理事業で特定仮換地としたものを対象に事業を実行することになる（都再法118条の31，32）（注）。

① 施行者は，換地計画を作成し，縦覧に供し，意見書を受け付け，その処理をし，都道府県・国土交通大臣施行を除き，認可権者に申請して認可を受ける。

② 換地計画に基づき仮換地の指定を行う。

③ 特定仮換地の指定を受けて，市街地再開発事業を開始する。

通常，権利変換対象の資産を有する権利者は，権利変換を希望しない旨の申出をして金銭補償を受けて転出できるが，再開発地域の外から入ってくる者がこの扱いを受けることには矛盾がある。対象外である旨を当初から周知するとともに，申出をしない旨の確約を取り，再開発の定款等でもその旨明示する必要がある。

④ 特定仮換地に対応する従前の宅地に関する所有権，既登記の借地権及び建築物について権利変換手続開始の登記を申請する（都再法70条）。再開発地域内に入る宅地はこの登記されるが，地域外に出る宅地は登記されない。

（注）　この場合の仮換地は，事業認可を受けた換地計画に基づいて指定された仮換地に限られる。実務においては，換地計画は，事業の終盤（換地処分の少し

前）に策定されることが多いが，一体的施行における特定仮換地は，事業の比較的初期に策定される。そのため，清算に関する事項は決定していない（できない）ので，清算金明細（1：4：2③）については省略することが可能である（法87条2項）。ただし，最終的には，清算金明細の策定を含む換地計画の変更修正をして，改めて認可を得る必要がある（都再法118条の31，87条）。

なお，清算金以外の事項のみを定める換地計画のメリットは，その時点で権利が確定しなくても将来の換地の位置と権利を確実にしたい場合にある。権利変換を行う市街地再開発事業との合併施行の場合や仮換地の時点で敷地をまたがって共同ビルを建設する場合などがある（逐条349）。

1：8　被災市街地復興土地区画整理事業

被災法は，大規模な火災，震災その他の災害を受けた市街地の緊急かつ健全な復興を図るため，被災市街地復興推進地域の決定及び地域内の建築行為等の制限，土地区画整理事業，第二種市街地再開発事業の特例，被災者のための住宅供給の特例等の特別の措置を講じている（被災法1条）。

被災市街地復興推進地域（同法5条）内で施行される土地区画整理事業（「被災市街地復興土地区画整理事業」という（同法10条）。）に関しては，多くの特例が設けられている。

1：8：1　復興共同住宅区

事業計画において，共同住宅の用に供すべき復興共同住宅区を定め，所有者の申出により，一定規模以上の宅地の換地を復興共同住宅区内に定めることができる（被災法11条）。

1:8:1:1　換地の申出

① 復興共同住宅区が定められたときは，施行地区内の宅地について，一定規模以上の宅地の所有者は，公告等があった日から起算して60日以内に（注），施行者に対して，換地計画において，復興共同住宅区内に換地を定めるよう「復興共同住宅区換地申出書」（被災規則8条別記様式第2）を提出することができる（同法12条）。

② 施行地区内の宅地の所有者は，数人共同して，施行者に対し，換地計画において宅地についての換地を定めないで，復興共同住宅区内の土地の共有持分を与えるよう定めるべき旨の「復興共同住宅区宅地共有化申出書」（被災規則10条別記様式第3）を提出することもできる（同法13条1項，2項）。

③ この申出に応ずる場合は，換地を定めないで，同区内の土地の共有持分を与えるよう定めなければならない（同法14条2項，4項・法104条6項後段）。

（注） 60日以内の申出というのは，1：7：2ないし1：7：5の各住宅区についても同様である。また，いずれも照応の原則の例外を定めたものでもある。

1:8:1:2　換地又は住宅等の給付

1:8:1:2:1　宅地所有者の申出等

宅地所有者の申出又は同意により，宅地の一部について換地を指定し，不換地部分に対する清算金に代えて，施行者がその換地上に建設する住宅を取得することができる。また，宅地所有者の申出又は同意により，宅地の全部について換地を指定しないで，その清算金に代えて施行地区外の住宅及びその敷地等が給付される制度，さらには，所有者が換地不交付の申出又は同意をした場合に清算金が与えられる借地権者についても，申出することにより，施行地区外の住宅及びその敷地等が給付される（被災法15条以下，1：8：2）。

1:8:1:2:2　登記所通知

施行者は，宅地の所有者に住宅等を与えるように定める換地計画を定め，又は変更したときは，住宅等の所在地を管轄する登記所に，被災規則12条で定める事項を届け出なければならない（被災法15条7項）。

1:8:1:2:3　保留地

個人，組合又は区画整理会社の換地計画においては，保留地（1：7：7）は，一般に事業費に充てる目的のため，又は基準，規約若しくは定款で定める目的のために認められている（法96条1項）。被災法は，施行者が個人又は土地区画整理組合施行以外の場合（国，都道府県，市町村，都市再生機構，地方住宅供給公社）は，保留地を定め得る場合を限定している（被災法17条1項前段）。ただし，公営住宅等や共同利便施設の用に供するためにも，保留地を定めることができる。保留地の地積については，施行地区内の宅地について所有権その他の使用収益権を有するすべての者の同意を得なければならない（同条1項後段）。

この特例による保留地を処分した場合，その処分金は，事業費に繰り入れるのではなく，換地処分の公告の日において従前地について所有権その他の使用収益権を有する者に対して，その権利の価額の割合に応じて交付しなければならない（同条3項）。

この制度は，所有権その他の使用収益権を有するすべての者の同意を得なければならないこと，その処分金は，事業費に繰り入れなくてもよい点で一般の保留地と大きく異なる。

また，被災法（17条）は，その特性にかんがみ，公営住宅等や共同利便施設用地の円滑な生み出しを認めている（大都市法21条もその趣旨は同じである。）。

1:8:2　住宅等を給付する制度

① 土地区画整理事業の施行地区内の宅地所有者は，宅地の借地権者等の同意を得て，宅地の全部又は一部について，換地計画において換地を定めない旨の申出又は同意をすることができる（法90条）。

　この場合，換地を定められなかった従前地について存する借地権等の権利は，換地処分の公告の日の終了をもって消滅し（法104条1項），借地権者等には清算金（法94条）が交付される（同条8項）。

② 立体換地（1:7:1）の場合は，借地権者が，清算金に代えて，建築物の一部及びその建築物の存する土地の共有部分（すなわち敷地権付き区分建物）を与えられるべき旨の申出をしたときは，施行者は，処分権限を有するその住宅等を与えるよう定めることができる（法93条5項）。

③ 復興共同住宅区（1:8:1）においては，被災市街地復興推進地域内で行われる被災市街地復興土地区画整理事業（被災法10条）における特例として，清算金に代えて住宅等を給付する次の1:8:2:1ないし1:8:2:

３の制度がある（被災法15条１項～３項）。１：８：２：２及び１：８：２：３の制度により施行地区外の住宅等を給付するため，その建設等が認められている（被災法16条）。

この制度が適用されるのは，施行者が個人又は組合以外の場合に限られる。住宅を供給する技術的能力が要求されること及び極めて公共性が高いことなどの理由による。また，この制度は，施行者が事業計画に定めることにより，はじめて適用を受けることができ，宅地所有者等から住宅等の給付の申出があったとしても，施行者は，これに応ずる義務はないと解されている。

なお，本制度の適用を受け，清算金に代えて住宅又は住宅及びその敷地等の給付を受けた場合であっても，給付を受けた住宅等の価額が従前地の価額に比べて不均衡が生じた場合には清算をする必要がある。

1:8:2:1　施行地区内の住宅を給付する制度

施行者は，施行地区内の宅地の所有者が，換地計画において，宅地の一部について換地を定めない旨の申出又は同意をした場合に，申出又は同意に併せて，宅地の一部について交付されるべき清算金に代えて，宅地の残部に対する換地に施行者が建設する住宅（自己の居住の用に供するものに限る。）を与えられるべき旨の申出をしたときは，換地計画において，宅地の残部について換地を定めるほか，住宅を与えるように定めることができる（１：８：１：２）。ただし，宅地について所有権以外の権利（地役権を除く。）又は差押え等の処分の制限があるときは，申出をすることができない（被災法15条１項）。

この制度は，従前地が比較的広く，宅地所有者が地区内残留を希望する場合に活用される。また，施行地区外に求める住宅及びその敷地は，敷地権付き区分建物でもよいので，従前地に余裕がない場合に活用することができる。

1:8:2:2　施行地区外の住宅等を給付する制度

施行地区内の宅地の所有者が，換地計画においてその宅地の全部について換地を定めない旨の申出又は同意をした場合に，申出又は同意に併せて，宅地について交付されるべき清算金に代えて，施行地区外に施行者が建設又は取得する住宅とその敷地若しくは敷地権付き区分建物（いずれも住宅の用に供するものに限る。）を与えられるべき旨の申出をしたときは，その住宅等を与えるように定めることができる。ただし，宅地について，先取特権，質権若しくは抵当権又は仮登記，買戻し特約その他権利の消滅に関する事項の定めの登記若しくは差押え等の処分の制限の登記に係る権利（次項において「先取特権等」という。）があるときは，申出をすることができない（被災法15条2項）。

1:8:2:3　借地権者に施行地区外の住宅等を給付する制度

施行地区内の宅地の所有者が，換地計画において，宅地の借地権者等の同意を得て，宅地の全部又は一部について，換地を定めない旨の申出又は同意をしたときは，換地を定められなかった従前地について存在する借地権等の権利は，換地処分の公告の日の終了をもって消滅するため，借地権者等には清算金が交付される（法94条，法104条1項，8項）。このとき，借地権者等が，交付されるべき清算金に代えて，施行地区外に施行者が建設又は取得する住宅とその敷地若しくは敷地権付き区分建物（いずれも住宅の用に供するものに限る。）を与えられるべき旨の申出をしたときは，換地計画においてその住宅等を与えるよう定めることができる。ただし，借地権について先取特権等があるときは，申出をすることはできない（被災法15条3項）。

1：8：3　第二種市街地再開発事業

被災市街地復興推進地域（1：1：2：6）内では，用地買収方式により，機動的に事業執行が可能となる第二種市街地再開発事業（1：7：8：2②b）の活用を図るため，施行区域要件として，被災市街地復興推進地域内であることを追加している（被災法19条）。これは，都再法（3条の2第2号イ及びロ）のような公共性，緊急性が高いという要件を緩和することになる。

【参考６】　大都市法の土地区画整理促進区域等のいわゆる促進区域と被災市街地復興推進地域との違い

> 大都市法の土地区画整理促進区域（大都市法５条）等のいわゆる促進区域と被災市街地復興推進地域（被災法５条）は，面的な整備が必要な相当規模の区域について定める都市計画であるという点，及び事業の実施を前提とし，その内容，実施主体等の具体化前の段階で区域を指定し，市街地整備の支障となる建築行為等を制限するという点で類似した性格を有しているが，次の点では異なる。
>
> ①　促進区域は，主として民間による整備を促進するものであるが，被災市街地復興推進地域は，被災市街地の復興を目的としたものであることから，民間よりも地方公共団体，特に市町村の責務を強調している。
>
> ②　促進区域は，指定の段階で整備手法は特定されているが，被災市街地復興推進地域は，特定の法定事業でなく，民間の建築敷地における建築物整備事業や，これを誘導し，街並みを実現するための地区計画等の計画誘導手法などのいわゆる「まちづくり事業手法」を幅広く対象としている。もっとも「まちづくり」も都市計画事業であることに変わりはない。

１：９　換地処分

換地処分とは，従前の土地（宅地）（「従前地」1：3：6）に所有権その他の権利を有する者に対し，従前地に代えて換地計画で定められた換地を割り当て，これに従前の権利を帰属させる行政処分をいう（1：3：10）。

土地区画整理事業に関する工事が完了した場合には，換地計画に定められた事項を関係権利者に通知するとともに，その旨を公告しなければならない（法103条１項，４項）。

なお，換地処分については，行政手続法第３章は，適用されない（同条６項）。その理由は，仮換地の指定（1：5③）と同様である。

１:９:１　換地処分の概念

現行法は，換地処分は「関係権利者に換地計画において定められた関係事項を通知してするものとする（103条１項）」としているため，清算金の処分等（法110条）も含むことになり，換地処分は，土地に関する権利関係を変更すると同時に，清算金に関する権利義務を設定する形成的処分であるといえる。しかし，その主体は，あくまでも前者にあり，前者によって均衡を保ち得ない場合に，後者の効果が補完的に生ずると解釈している。

すなわち，換地処分は，施行者が換地計画に係る区域内の整理前の土地（従前地）について，区画形質の変更された土地（換地）を終局的に指定する行政処分であり，それによって，換地は従前の土地とみなされ，従前の土地について存在した権利は消滅し，換地について従前の土地に有していたものと同じ権利を取得させるということである。

換地処分は，その内容で区分すれば，次のとおりである（換地 160）。

① 一般的換地処分

従前の宅地又はその部分に対して，照応する換地又はその部分を定める処分である（法 89 条）。

② 増換地処分

都道府県等の公共団体が，災害を防止し，衛生の向上を図るため特別な必要があると認められる場合に，過小宅地・過小借地とならないように定める処分である（法 91 条 1 項，2 項，92 条 1 項，2 項）。

③ 減換地処分

②の増換地処分をするために特別に必要があると認められる場合に，土地区画整理審議会の同意を得て，地積に余裕がある宅地の換地面積を減じて定める処分若しくは所有者を同じにする宅地の借地権の目的となっていない地上権等の権利について，地積を減じて定める処分である（法 91 条 5 項，92 条 4 項）。

④ 共有換地処分

a ①の増換地処分を行う場合に，地上権等の宅地を使用収益する権利のない小宅地（地役権を除く。）について，その所有者及び隣接宅地の所有者の申出により，土地の共有部分を与える処分（法 91 条 3 項）及び宅地の所有者又は借地権者の共同の申出により，高度利用推進区への土地の共有持分を与える処分（法 89 条の 4）

b　特定土地区画整理事業において，指定規模に満たない宅地所有者の申出により，共同住宅地への土地の共有持分を与える処分（大都市法 10 条，16 条 2 項）

c　被災市街地復興土地区画整理事業において，指定規模に満たない宅地所有者の申出により，復興共同住宅区内に土地の共有持分を与える処分（被災法 13 条 3 項）

⑤　特別の宅地の換地処分

a　公共的施設及び公益的施設の用に供する宅地については，換地の位置，地積等に特別な考慮を払い，定める換地処分（法 95 条 1 項）

b　法 95 条 1 項 1 号から 5 号までの施設で，主として，区域内居住者の利便に供する新たな土地としての創設換地処分（法 95 条 3 項）

c　義務教育施設を新設するための創設換地処分（大都市法 20 条 1 項，79 条）

d　文化財保護法により指定された建築物等の所在する宅地の換地を原位置に定める処分（法 95 条 4 項）

⑥　位置等に特別な扱いをする換地処分

a　住宅先行建設区（法 89 条の 2）

b　市街地再開発事業区（法 89 条の 3）

c　高度利用推進区（法 89 条の 4）

d　共同住宅区（大都市法 14 条 2 項）

e　集合農地区（同法 19 条）

f　復興共同住宅区（被災法 13 条 2 項）

g　津波防災住宅等建設区（津波防災法 13 条 4 項，14 条）

⑦　申出又は同意による不換地処分

a　宅地の所有者の申出又は同意による不換地処分（法 90 条）

b　立体換地において共有持分を定めない処分（法 93 条 3 項）

c　立体換地において金銭精算をする処分（大都市法 74 条 4 項）

⑧　過小宅地について増換地処分は適当でないと認め，換地を定めない処分

(法 91 条 4 項，92 条 3 項)

⑨ 特別の事情があるため換地を定めない処分(法 95 条 6 項，7 項)

⑩ 立体換地処分(法 93 条，3：3：2)

1：9：2 換地処分の法的性質

① 換地処分は，行政庁が法令に基づいて公権力の行使として外部に対して行う具体的事項に関する行政行為であり，実定法上の「行政庁の処分(行審法 1 条，行訴法 3 条 2 項)であることについて異論はない。しかし，換地処分の行政行為としての性質については，見解が分かれている。

a 設権処分説は，換地処分は，施行者が従前の宅地の権利関係を消滅させるとともに，換地について従前の宅地に存在していたのと同一の権利を取得させる形成的処分であるという。

b 確認処分説は，工事の施行により，従前の土地の形状が一新され，相当の減歩(宅地面積の減少)を生ずるのであるから，法の定める標準により客観的に定まっているべき換地(若しくは借地権等の目的たる土地)の位置範囲が実際上不明確であり，土地権利者にこれを確定させることは，いたずらに紛争・混乱を生じさせてしまうため，法は，技術的にも精通している施行者に対し，確認宣言をする権限を付与しているという。そして，この確認宣言をする権限は，施行権の内の換地処分権であり，換地処分は，客観的に定まっている換地(若しくは借地権の目的たる土地)の位置範囲を確認し，宣言するに過ぎないものであるという。

c 形成処分説は，換地処分は，区画整理の目的と内容から考えると，単なる判断・認識の表示としての確認ではなく，施行者の効果意思の表示であり，その効果意思に基づいて法律効果が生ずるとみるべきであるという。

② 換地処分に関する法律上の規定は，換地を定める行政処分としての換地処分に関する規定(旧耕地整理法 30 条 1 項，法 103 条 1 項等)と定められた換地処分の効果に関する規定(旧耕地整理法 17 条，法 104 条 1 項等)に分けられる。

換地処分によって，従前の法律関係は，変更することなく換地に移行するという点については，いずれの説からも異論はない。形成処分説が他の説と異なるのは，前者に関する理解である。すなわち換地を定めるには行政処分が必要であると解するか，それとも客観的に定まっている換地の位置や範囲を確認するにすぎないと解するかの相違である。

③　最高裁（最一小判昭 52. 1 .20 民集 31-1-1）は，換地処分の際に未登記賃借権を申告しなかったために，賃借権の目的となるべき土地が定められなかった事例において，法 104 条 2 項後段を根拠として賃借権は消滅したとする主張に対して，賃借権は，「同法 85 条のいわゆる権利申告が（な）されていないときでも，換地上に移行して存在する…けだし，…施行者は，…土地についての私権の設定，処分はできない」からであると判示した。

この判決を確認処分説を採用したものとして理解する者もいるが，この判決の結論は，いずれの説からも導き得ると解されるのである（森田 327）。未登記賃借権の申告がなかったためにそれを無視して換地処分を行っても換地処分として有効であるということと，それにより既存の賃借権が消滅するか否かとは理論的にも別問題である。

すなわち，照応換地の原則が支配している以上，換地手続において賃借権の目的である土地が定められなかったとしても，換地処分後にそれを確認できる土地が存在すれば，賃借権の確認は可能だからである。従前の土地所有権は，換地処分によっては，原則として，変動しないのであって，その対象が入れ代わるにすぎないという観点を明確にすれば，両説の対立はほとんど意味のないものとなるのではなかろうか。

仮換地の方法は多数あり得るから，具体的な仮換地指定処分を行うに当たっては，法 89 条 1 項所定の基準の範囲において，施行者の合目的的な見地からする裁量的判断に委ねざるを得ない面があることは否定し難いとする最高裁判決（最三小判平元.10. 3 集民 158-31）は，その後の判例（最一小判平 24. 2 .16 判時 2147-39）など多く引用されるようになったことから，近年，形成処分説に落ち着いたようである（大場 567）。

【判例 10】 事業計画の決定は，抗告訴訟の対象となるか

市町村の施行に係る土地区画整理事業の事業計画の決定は，施行地区内の宅地所有者等の法的地位に変動をもたらすものであって，抗告訴訟の対象とするに足りる法的効果を有するものということができ，実効的な権利救済を図るという観点からも，これを対象とした抗告訴訟の提起を認めるのが合理的である。したがって，上記の事業計画の決定は，行訴法３条２項にいう「行政庁の処分その他公権力の行使に当たる行為」に当たると解するのが相当である。

これと異なる趣旨の判例（最大判昭 41.２.23 民集 20-２-271 及び最三小判平４.10.６集民 166-41）は，いずれも変更すべきである（最大判平 20.９.10 民集 62-８-2029）。

【判例 11】 換地処分の一部取消し等

① １筆の従前地を数筆の土地に換地した処分においても，数筆の土地が一体のものとして１筆の従前地に照応する換地として定められたというべきであって，従前地のどこかが１筆ごとの換地と対応するものではないから，１筆の換地に対応する従前地は特定できず，審理の対象が不明確であるから，換地処分の一部取消請求は不適法である。

② 換地処分の関係権利者とは，登記簿上の所有者等と解するのが相当であるから，登記簿上の名義人に対して行った換地処分は適法である。

③ 換地処分で定められた地目が，実際の土地の現況や利用目的に反するものであったとしても換地処分は違法とはいえない（千葉地判平 22.10.８判自 341-89）。【判例８】参照。

1:9:3 従前地の所有権等の権利関係

① 従前地の所有権，賃借権等の使用収益権，抵当権等の担保権及び差押え等の権利関係は，換地計画で定められた場合は，すべて換地の上に存続することになる。換地計画で換地又は換地に存する権利として定められなかった従前地について存する権利は，公告の日が終了した時に消滅する（法 104 条１項，２項）。

換地処分の公告の日の翌日，換地計画で定められた換地は従前地とみなされ，次の者は，その土地の共有持分を取得する（法 91 条３項，89 条の４，

被災法 14 条 2 項)。従前地に存在した「担保権，仮登記，買戻しの特約その他権利の消滅に関する事項の定め若しくは処分の制限の登記に係る権利」(以下「担保権又はその他の権利」という。) も，その共有持分の上に存在することになる (法 104 条 6 項，被災法 14 条 4 項)。

a　換地計画において，土地の共有持分を与えられるように定められた宅地を有する者

b　高度利用推進区内の土地の共有持分を与えられるように定められた宅地を有する者

c　被災市街地復興土地区画整理事業の換地計画において復興共同住宅区内の土地の共有持分を与えられるように定められた宅地を有する者

Q1　換地処分の公告日の翌日より前の日を登記原因とする所有権の移転登記

甲所有の従前地が売買により乙に所有権が移転したが，その登記が未了のうちに，甲を所有者として換地処分の公告 (法 103 条 4 項) があり，その登記がされても，公告があった日の翌日以降に，同換地について，換地処分の公告があった日の翌日よりも前の日である従前地の売買の年月日を登記原因として，乙への所有権の移転登記をすることができるか。

A　できる。換地処分の効力が発生した公告の日の翌日が記録されていても，それは，必ずしも権利の変動を公示するものではないとみることができ，その日よりも前の甲から乙への所有権の移転を公示することが妨げられるものではないと考える (カウンター相談 204・登研 738-179)。

【判例 12】　未登記賃借権

法による換地処分がされた場合，従前の土地に存在した未登記賃借権は，こ

れについて法85条の権利申告がされていないときでも，換地上に移行して存続する（最一小判昭52.1.20民集30-1-1）。

1:9:4　地役権

地役権は，換地処分の公告があった日の翌日以後も従前地の上に存続する。ただし，土地区画整理事業の施行により，行使する利益がなくなった地役権は，換地処分の公告の日が終了した時に消滅する（法104条4項，5項）。

すなわち，地役権は，A土地（承役地）をB土地（要役地）の便益に供するための権利であり，その関係は，権利を設定した位置関係において有効であるが，換地により，A土地のみが移動した場合，A土地は，B土地の便益に供することができなくなるから，A土地に設定してあった承役地地役権は，換地の上に移行することなく，なお，従前の土地に存続するものとしている（法104条4項）。存続する地役権としては，高圧送電線のための地役権のほか，まれには，観望地役権などがある。

また，事業の施行によって，土地の区画形質の変更と公共施設の新設又は変更があり，その結果として，地役権が必要でなくなる場合は，消滅する（同条5項）。従前地が袋路等であるために通行を目的として設定された地役権や用水地役権などは，通常，消滅する。というよりも必要がないように換地計画が作成される。そのほか，次のような場合である。

a　要役地であった従前の土地に対する換地が他の位置に定められ，承役地を便益に供することができなかったり，供する必要がなくなったとき。

b　要役地であった従前の土地に対する換地が定められなかったとき。

c　承役地と要役地の所有者が同一人になったとき。

d　道路などの公共施設ができたとき。

1:9:5　公共施設供用地

①　換地計画において，換地を宅地以外の土地（国又は地方公共団体が有する公共施設の用に供している土地）に定めた場合，そこにあった公共施設は廃止さ

れ，これに代わって公共施設の用地になった土地は，廃止される公共施設の用地が国の所有であるときは国に，地方公共団体の所有であるときは地方公共団体に，それぞれ換地処分の公告のあった日の翌日に帰属し（法105条1項，3：2：2：8：1），廃止される公共施設供用地に存していた従前の権利は，公告があった日が終了した時に消滅する（同条2項）。

② 新たに公共施設の用地になった土地は，公告があった日の翌日にその施設を管理すべき者（管理者が，地自法2条9項1号に規定する第一号法定受託事務として管理する地方公共団体であるときは，国）に帰属する（同条3項）。

ただし，従前の公共施設に代わるべき公共施設が別に新設され，両者の間に代替関係（同条1項）が認められない場合は，従前，公共施設の用に供されていた土地についても法105条3項を適用することを妨げない（昭40.10.29建都区高2号建設省区画整理課長回答）。

1：9：6　町名等の変更

換地処分に合わせて，施行地区内の市町村の区域内の町名等を変更した場合の効力は，換地処分の公告のあった日の翌日（換地処分の効力発生と同時）に生じ（地自令179条），換地処分の登記により，町界，町名及び地番等が変更される。

1：9：7　換地処分の変更・更正

換地処分の通知（法103条1項）後に換地計画の変更又は更正があったとき又は換地処分の通知に誤記等があったときは，換地処分の内容を変更・更正しなければならない。変更・更正の通知は，変更・更正に係る部分の換地処分の取消し及び新たな換地処分の通知により行う。

換地処分の公告後に，換地処分に対する審査請求その他誤記等の発見により換地計画を修正し，又は変更したことにより，換地処分の変更通知をしたときは，施行者は，知事に対して，換地処分の一部変更をした旨の届出をし，知事は，換地処分の変更公告をするものとする（参考：昭47.5.23建都区発313号建設省区画整理課長回答）。

【参考７】 登記の申請と嘱託

不登規則 192 条は，「この省令に規定する登記の申請に関する法の規定には当該規定を法第 16 条第２項において準用する場合を含むものとし，この省令中「申請」，「申請人」及び「申請情報」にはそれぞれ嘱託，嘱託者及び嘱託情報を含むものとする。」と規定しているので，本稿においても，原則として，「申請」，「申請人」及び「申請情報」と記述する。

2　代位登記

2：1　代位登記の意義

2:1:1　代位登記の目的

土地区画整理事業（以下「事業」という。）を行う区域の登記記録の表題部に関する記録が現況と相違している場合又は所有権登記名義人の表示が変更し，若しくは誤って記録されている場合，登記記録の変更又は更正の登記（以下「変更更正登記」という。）をしないまま事業の成果である換地処分による登記の申請をすれば，不登法25条によって却下される。

したがって，例えば，施行地区が，登記されている1筆の土地の一部分に当たるときは，事業の開始までに土地の分割手続（法82条1項）をしておく必要がある。また，表題登記の登記事項又は所有権の登記名義人が相違しているときは，換地処分の登記を申請するまでに現状と一致させる登記（登記令2条）をしておく必要がある。

いずれも施行者は，所有者若しくは所有権登記名義人又は相続人その他の一般承継人に代わって，申請又は嘱託をすることができる。

2:1:2　登記所への届出

施行者は，施行又は事業計画の変更についての認可の公告（法76条1項各号）があった場合は，施行地区を管轄する登記所に，次の事項を届け出なければならない（法83条，規則21条）。

a　施行地区（施行地区を工区に分ける場合は，施行地区及び工区）に含まれる土地の名称（町名若しくは字名及び地番）等

b　法76条1項各号の公告があった年月日

c　施行地区区域図

d　換地処分の予定時期

2:1:3　代位登記の申請時期

施行者が所有者又は所有権の登記名義人に代位して登記の申請をする時期

は，土地の分割及び合併登記については事業施行までに（法82条），施行地区内の土地及び建物が事業の施行により変動したときの代位登記は，換地処分の登記をする前までに申請しなければならない（登記令2条）。

① 事業の施行までを登記の申請時期とするもの

事業の施行地域が，登記されている1筆の土地の一部である場合には，事業区域を特定するため，事業の着工前に施行地域への編入地の測量をして，分筆の登記を申請する必要がある（法82条）。分筆又は合筆の代位登記の申請の時期は，法83条の規定による登記所への提出と同時にする必要がある。

② 事業計画に基づく換地処分の登記をするまでを申請時期とするもの

換地計画に基づき，事業を施行し，換地処分の登記する際に，申請情報に記載されている不動産の表示又は所有者の表示が登記記録と一致していないときは，登記の申請が却下される（不登法25条6号）。表題部所有者あるいは所有権の登記名義人が相違しているときも同様である。

代位登記の申請の時期としては，換地計画の認可後ないしは換地処分があった旨の公告があった時ということになるが，そうすると換地処分の登記の早期完了が困難となるため，法83条の届出が登記所に提出された時点で代位登記を申請することができると解されている（昭27.10.7民事甲425号民事局長通達（土地改良））（注）。

換地処分に伴う登記の早期完了を期するためには，少なくとも，換地処分に伴う登記を申請するまでには，すべての代位登記を完了させておく必要がある。

（注） この通達は，土地改良事業に関して，その着手前に土地改良を行う地区等（土改規則90条の4第1項）を管轄登記所に届け出ることになっていることから（土改法113条の3第1項），工事着手届書の提出後であれば，換地計画認可前であっても登記を申請できるとしている。

2：2　登記申請手続

2:2:1　一の申請情報によってする代位登記

登記令2条に定める代位登記のうち，1号から3号までの登記の申請は，不登令4条本文の例外として，登記の目的又は登記原因が同一でないときでも，各号に掲げる登記ごとに一の申請情報によってすることができる（登記規則1条）。

所有権の保存登記（登記令2条4号）及び相続その他の一般承継による所有権の移転登記（同条5号）については，この規定の適用はないので，不登令4条の原則どおり，登記原因（相続の原因）の異なるごとに別件で申請することになる。

【参考8】　登記事件と申請情報の個数

申請情報は，登記の目的及び登記原因に応じて，1不動産ごとに作成して提供するのが原則であるが（不登令4条本文），次のとおり例外がある。また，一括申請（関連申請），同時申請という場合もある。

① 一の申請情報によってすることができる登記

a　同一の登記所の管轄区域内にある2以上の不動産について申請する登記の目的並びに登記原因及びその日付が同一であるとき（不登令4条ただし書前段）。

b　分筆・分割・区分が合筆・合併と連件で行われる場合で一定の要件を満たすとき（不登規則35条1号～5号）。

c　複数の登記事件について登記事項が共通する場合で一定の要件を満たすとき（同条6号以下）。

d　不登令4条の特例等を定める省令に基づく代位登記等

② 一の申請情報によってしなければならない登記

a　合体による登記等（不登令5条1項）

b　信託に関する登記（同条2項以下）

c　権利変換の登記等（建替え登記令5条1項，7条1項など）

③ 一括申請（関連申請）

申請情報を他の申請情報と「併せて」又は「一括して」申請するべき場合がある。a及びbは「併せて」cは「一括して」となっているが，意味に違いはないものと考える。

a　区分建物の表題登記（不登法48条1項）

b　区分建物の表題登記と表題部の変更登記（同条3項）

c　区分建物になったことによる表題部の変更登記と表題登記（同法52条1項）

d　区分建物になったことによる表題部の変更登記（同条3項）

④　同時申請

申請人が同一である場合に，申請情報を同時に（連件で）提供するべきときがある。例えば，根抵当権者が単独で申請する根抵当権の元本の確定登記と権利取得の登記である（不登法93条ただし書の場合）。

⑤　一括申請と一の申請情報による申請

一括申請は，登記官が登記の可否を決定するまでに一棟の建物に属するすべての③の区分建物についての表題登記等がされればよいから，必ずしも同時に（連件で）する必要はないが，登記事務は即日処理が原則であるから，少なくとも同日中に申請すべきである。

もっとも，これらの登記は，一棟の建物全体の新築の登記原因及びその日付並びに申請人が同一であれば，不登令4条により一の申請情報による申請が認められており，通常は，一の申請情報により申請されている（小宮山・逐条解説・登研714-180）（注）。

⑥　不登令4条の特例

都再登記令などには，一の申請情報に関する規定がないため，不登令4条の特例等を定める省令によって別途定められている。

（注）　新築した区分建物の表題登記と表題登記のある非区分建物の表題部の変更登記について，不登規則35条7号に該当しないから（という理由によると理解した。），所有者が同一人であっても連件で申請すべきであって，一の申請情報による申請はできないとする見解があるが（新QA5-195），そういう必要はないと考える。

2:2:2　代位登記の申請人

事業を行うために所有者あるいは所有権の登記名義人に代位して登記の申請をすることができる者は，事業を行うために設立の認可を受けた施行者である（法82条，登記令2条）。

なお，数人が共同で事業を施行する場合，その共同施行者の代表者が単独で申請することはできない（昭41.7.27民三発618号民事局第三課長依命回答（土地改良事件））。

2:2:3　代位登記の申請情報の内容

代位登記の申請情報には，通常の登記の目的によって記録する情報に併せて「申請人が代位者である旨，被代位者の表示及び代位原因」を，添付情報として「代位原因を証する情報」を，代位申請人として施行者を，それぞれ申請情報の内容とする（不登令３条，不登規則34条）。

申請情報の内容の一般的事項は，次のとおりである。

①　申請年月日

申請情報を登記所に提供する日付を記載する。

②　代位申請人の表示

事業を行うために所有者あるいは所有権の登記名義人に代位して登記の申請をすることができる者は，事業を行うために設立の認可を受けた施行者である（登記令２条）。

申請人となる「代位申請人の氏名又は名称及び住所等」（以下「代位申請人の表示」という。）は，施行者の主たる事務所の名称と所在地及びその代表者の氏名を記載する。代理人に申請を委任した場合には，代理人の住所及び氏名も記載する。

申請情報に補正があったときの連絡のため，申請人又は代理人の電話番号その他連絡先を記載する（不登規則34条１号）。

③　被代位者の表示

「被代位者の氏名又は名称及び住所」（以下「被代位者の表示」という。）については，代位によって登記をする登記記録に記録されている表題部所有者若しくは所有権の登記名義人又はその相続人の表示を記載する。

④　登記所名

施行地区を管轄する登記所名を記載する。

⑤　代位原因

代位原因は，施行者が，所有権の登記名義人等に代位して登記の申請をすることができる根拠条項を記載する。登記の目的が「分筆登記」であれば「法第82条」と，登記の目的が「所有権の保存登記」であれば「登記令第２条第４号」と記載する。

⑥　登記の目的

登記の目的は，申請によって求める登記の内容を明らかにする事項である。土地の表題登記は「土地の表題」，土地の地目変更の登記は「地目変更」，所有者又は登記名義人の住所変更，氏名変更等の登記はそれぞれ「所有者の表示変更」又は「何番所有権登記名義人表示変更」とし，錯誤による更正登記ではそれぞれ「所有者の表示更正」又は「何番所有権登記名義人表示更正」と記載する。

⑦　登記原因及びその日付

a　所有者の住所移転による登記の申請の場合は，「○年○月○日住所移転」と記載する。

b　登記記録の表題部の登記事項あるいは登記名義人等の表示が当初から事実と相違している場合にこれを訂正するための更正登記については，登記原因を単に「錯誤」と記載し，日付は記載しない。

⑧　不動産の表示

土地の表示としては，登記記録の表題部に記録されている土地の表示を記載する。建物については，その建物の表示を記載する。

なお，物件に「不動産番号」（不登法27条４号，不登規則１条８号，90条）（注）があるときは，その番号を表示すれば，土地の表示又建物の表示を省略することができる（不登令６条１項１号，２号，２項）。

⑨　登録免許税

事業施行のために必要な土地又は建物に関する登記の登録免許税は，登免税法５条６号によってすべて免除されるので，所有権の登記がある土地の申請情報には，「登録免許税法第５条６号」と記載する。

（注）　不登令６条１項，２項は，「不動産識別情報」と表記し，不登規則34条２項は，これを「不動産番号」としている。本稿においては，不動産の表示をする場合においては，不動産番号欄の記載を省略するものとする。

2:2:4　代位登記の添付情報

代位登記の申請情報に添付して提供する情報としては，施行者の「資格を証する情報」（不登令７条１項１号イロ）及び「代位原因を証する情報」（同項３号）が必要である。そのほかは，申請の目的が「不動産の表示に関する登記」か「権利に関する登記」によって提供すべき添付情報は異なる。

2:2:4:1　代位原因証明情報

施行者が，代位して登記を申請するときは，申請情報と併せて，代位原因を証する情報（不登令７条１項３号）を提供しなければならないが，法83条に基づき，施行地区内の土地の所在及び地番を登記所に届出（規則21条）をしているので，代位原因を証する情報の添付は省略しても差し支えないとされている（平19.３.29民二795号民事局第二課長依命通知第１の２・ア）。

この場合には，申請情報の添付情報欄に「代位原因証明情報（添付省略）」と記載する。

2:2:4:2　資格証明情報

a　申請人が法人であって資格証明情報を提供すべき場合，その法人が会社法人等番号（商登法７条，商登規則１条の２第１項）を有する法人であるときは，資格証明情報に代えて，会社法人等番号を提供しなければならない（不登令７条１項１号イ）。申請人が会社法人等番号を有しない法人であるときは，作成後３箇月以内の資格証明書を提供する（同項１号ロ，17条１項）。

b　申請人が会社法人等番号を有する法人であっても，代表者の資格を証する登記事項証明書又は支配人等の権限を証する登記事項証明書（作成後３箇月以内のもの）を提供したときは，会社法人等番号の提供を要しない（不登令７条１項１号，不登規則36条１項，２項）。

c　個人が施行者である場合はその証明情報を，組合が施行者である場合はその代表者の資格証明情報を，それぞれ都道府県知事が発行した証明情報により提供する（「質疑応答2838」登研134-46）。ただし，地自法252条の17の２の規定に基づいて，都道府県の条例によって証明書の発行については市町村が処理するとされている場合は，同市町村長が発行した証明情報でも差し支えない。

d　共同施行による個人施行の規約に業務を代表して行う者を定めている場合において，代表者が登記を申請するときは，規約中に代表者に登記申請を委任する旨の規定を定めていなければならず，添付情報として，規約，共同施行者名簿及びその者が共同施行者の代表者である旨の都道府県知事の証明情報を提供しなければならない（昭43．1．17民事甲33号民事局長通達）。

2:2:4:3　代理権限証明情報

施行者が，個人施行である場合は施行者であることの証明書を，組合施行である場合は組合の代表者の資格を証する都道府県知事の証明書（資格証明書）を，機構等（独立行政法人都市再生機構，公社）の場合は，その代表者の資格を証する情報又はこれに代わる情報（不登令7条1項2号）を提供する。

なお，この資格証明書は，市町村長その他の公務員が職務上作成したものは，作成後3月以内のものでなければならない（不登令17条1項）。また，施行者が代理人を選任して申請する場合は，その旨の委任状を提供する。

2:2:4:4　住所証明情報

土地若しくは建物の表題登記又は所有権の保存若しくは所有権の移転登記を申請する場合は，申請情報に記載した所有者又は所有権登記名義人の住所を証する市町村長，登記官その他の公務員が職務上作成した住所証明情報（不登令7条1項6号別表二十八添付情報欄ニ）として，住所を証する市区町村長の証明する住民票抄本又は戸籍の附票，外国人にあっては変更事項が記載してある外国人登録済証明書等を，法人であるときはその法人の登記事項証明書（以下「住所証明情報」という。）を提供する（不登令7条別表四・ニ，十二・ニ，二十八・ニ，三十・ロなど）。

住所証明情報については，それ自体の有効期間の制限はないが，所有者又は登記権利者が会社等の法人であるときは，その法人の登記事項証明書が「住所証明書」と「代理権限証書」を兼ねることがある。このような場合は，後者についての有効期間の制限に服することになる。

住所証明情報は，申請情報に住民票コード又は会社法人等番号を記録又は記載したときは，提供を省略することができる。ただし，住所の変更又は錯誤若しくは遺漏があったことを証する情報を提供しなければならない場合は，そのことを確認できるものに限る（不登令９条，不登規則36条４項）。

2:2:4:5　所有権証明情報

新たに生じた土地についてする表題登記の申請については，その申請人の所有権を証する情報を提供すべきものとされている（不登令７条１項６号別表四添付情報欄ハ）。

所有者の所有権を確認できる情報としては，例えば，公簿上の脱落地については，官公署の証明書又は判決正本（謄本）のほか，所有者の所有権の取得を推認できる書面として，隣地所有者の証明書（印鑑証明書添付）を提供する。

2:2:4:6　登記原因証明情報（変更更正証明書）

権利に関する登記を申請するときは，法令に別段の定めがある場合（不登令７条３項２号～４号）を除き，登記原因を証する情報を提供しなければならない（不登法61条）。

a　住所移転の場合は，その者の住民票の写し等を，法人は会社法人等番号又は登記事項証明書を提供する（2：2：4：4参照）。

b　氏名変更の場合は，その者の戸籍謄本（抄本），本籍地と住所地とを異にするときは戸籍謄本又は抄本及び住民票の写し等を添付する。法人は会社法人等番号又は登記事項証明書を提供する。

c　氏名又は住所の更正の場合は，住民票抄本，戸籍謄抄本のほか，登記記録上の氏名若しくは名称又は住所と同一の者が存在しない旨のいわゆる不在籍証明書（市町村長又は区長の証明に係る消極証明）及び登記済証の写しで原本還付手続をしたもの等（登記名義人しか持っていないものを提供することにより消極証明を補完する。）を併せて提供するのが実務例である。

会社等の法人の商号若しくは名称又は本店若しくは主たる事務所の更

正の場合は，法人の登記事項証明書又は不登令11条に規定する登記事項証明書に代わる情報を提供する。

d　相続を証する情報としては，相続開始の事実（被相続人である所有権登記名義人の死亡）及び法定相続人の存否等をすべて明らかにする戸籍謄本及び除籍謄本を提供する。

そのほか，事案によって相続放棄の申述受理証明書，遺産分割協議書（印鑑証明書添付），民法903条２項の相続分がない旨の証明書（特別受益証明書，印鑑証明書添付）等を提供する（不登令７条１項５号イ，６号別表の添付情報欄）。

なお，相続証明書の有効期限についての制限はない。また，相続証明書を原本還付する場合は，「相続関係説明図」を提供する（昭39.11.21民事甲3749号民事局長通達）。

2:2:4:7　地積測量図及び土地所在図

土地の表題登記を申請する場合などは，地積測量図及び土地所在図を（不登令別表四イロ），土地の分筆登記を申請する場合などは，地積測量図（同別表八イ）を提供する。

これらの作成方法は，一般の土地の表示に関する登記の場合と同じである（不登規則73条～77条，別記第一号）。分筆登記を申請する場合に提供する分筆後の土地の測量図には，分筆前の土地を図示し，分筆線を明らかにして，分筆後の各土地を表示し，これに符号を付さなければならない（同規則78条）。

2:2:4:8　共同担保目録

共同担保目録は，登記官が作成する（不登規則166条１項，168条４項）ので，提供する必要はない。

2:2:5　代位登記の申請情報の様式

登記申請情報の様式については，登記申請書のA4横書きの標準化について（平16.9.27民二2649号民事局第二課長依命通知，「A4登記申請書」という。）により，A4版の申請書の様式が示されている。

代位登記の申請情報の様式については，「申請書通達」があったが，その後，不動産登記法（平16法律123号）及び土地改良登記令（昭26政令146号）

が改正（平17政令24号）されたことに伴い，土地改良登記に関して，農林水産省農村振興局長の照会（平19．3．22・18農振第1300号）があり，民事局長からの回答（平19．3．29民二794号）及び民事局民事第二課長の依命通知（同日民二795号）が発せられているので，これ（以下「新土地改良様式」という。）を参考とする。

なお，代位登記の申請書様式及び記録例については，次項以下（2：3，2：4）において，一般の登記と違いがある部分などに限定して「抄」として登載することとする。

2：3　法82条による分筆又は合筆の登記

2:3:1　分筆又は合筆の登記をする場合

施行者は，事業施行のために必要がある場合は，所有者に代わって，土地の分割又は合併の登記手続をすることができる（法82条1項）。不登法は，土地の分筆又は合筆の登記の申請は，土地所有者による本人申請を原則とするが，公共性を有するこの事業においては，事業の円滑適正な実施の必要性から，施行者に土地所有者に代わってこれらの登記の申請をする権限を与えたものである。次のような場合である（1：5：7：3参照）。

① 従前地の一部について，不換地の申出又は同意があった場合，従前地の一部について換地を定めない換地処分の登記はできないので，従前地を換地を定めない部分と換地を定める部分に分割する分筆登記をする。従前地の一部が公共施設の用に供されている場合もこれに当たる。

　不登法は，土地の分筆又は合筆登記の申請は，土地所有者による本人申請を原則とするが，公共性を有するこの事業においては，事業の円滑適正な実施の必要性から，施行者に対して，土地所有者に代わってこれらの登記の申請をする権限を与えている。

② 数筆対数筆の換地処分は認められないので，実質上数筆の従前地に対して数筆の換地を定める必要がある場合には，あらかじめ分筆登記をする（図3参照）。

③　１筆の土地が施行地区の内外又は２以上の工区にわたる場合，施行者は，管轄登記所に法83条の届出（施行地区に含まれる土地の名称（町名若しくは字名及び地番））をするとともに，その土地の分筆登記をしなければならない（法82条２項）。

施行地区又は工区内に含まれない部分は，換地計画の対象とならないので，施行者に分筆登記の申請を義務付けているのである。

④　隣接した数筆の従前地上に使用収益権が存するため，換地を１筆としないと不都合を生ずる場合がある。例えば，甲所有の数筆の土地を一括して借地権者乙が使用している場合に，その各換地が隣接しないように指定されると，乙は，十分に使用収益できないおそれがある。このようなときは，従前地を１筆の土地とする合筆登記をすることが考えられる。

【図３】　分筆して数筆換地

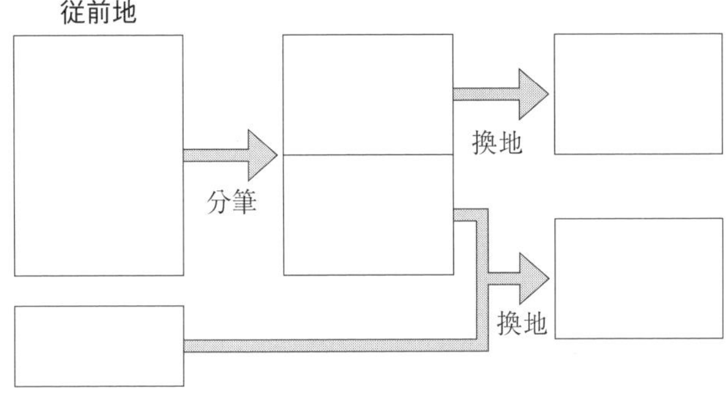

【参考９】　分割・合併と分筆・合筆

不登法は，かつては「分筆，合筆」と表記していたが，昭和35年の改正（法律14号）により「分割，合併」に改めた（旧不登法82条，85条）。平成16年現行法は，「分筆，合筆」と表記している（不登法39条～41条，不登規則101条～108条）。

ただし，不登規則107条1号並びに108条1項及び2項が「合併」としているのは，合筆に改めるべきであるとする意見（パブリックコメント）があったが，法務省は，「土地の合筆に伴う「所有権の登記」の表現としては，原案（合併）が適切であると考えている。」とした。

2:3:2　分筆登記の制限

2:3:2:1　地役権の登記がある土地の分筆登記手続

不登法改正前は，要役地地役権の登記がある土地の分筆登記をし，その一部の土地の地役権を消滅させるときは，要役地地役権の対象とされているすべての承役地における地役権設定の登記事項中の要役地について所要の変更登記をそれぞれ申請する必要があった。これは，要役地についてする地役権に関する登記は，承役地について申請に基づいて地役権の変更登記をした後，職権ですべきものと考えられていたからである（旧不登法114条1項）。

しかし，要役地地役権の対象とされている承役地が送電線地役権のように多数存在する場合は，申請人の負担が大きすぎるため，登記手続の簡素化が要望されていた。

そこで，改正法は，要役地についてする地役権の登記がある土地について分筆登記をする場合において，分筆登記の申請情報と併せて，地役権者が作成した地役権を分筆後のいずれかの土地について消滅させることを証する情報が提供されたときは，登記官は，その土地について地役権が消滅した旨を登記しなければならないものとした（不登法40条，不登規則104条1項，6項，不登法施行通達第1の14，新QA1 410）。(注)

地役権者が作成した情報を記載した書面には，地役権者が記名押印し，これに印鑑証明書を添付する。消滅させることを証する情報を電子申請によって提供する場合には，当該情報に電子署名を行い，電子証明書と併せて提供する。

なお，地役権に関する登記については，3：5を参照のこと。

このほか，地役権の登記がある土地の分筆登記は，次のとおり取り扱われる（新QA 1-367 以下）。

（注）　分筆後の地番は，分筆前の地番に支号を用いないことができるので（不登準則 67 条 1 項 5 号），地役権を消滅させない分筆後の土地については，分筆前の土地の番号を用いるものとしている（不登法施行通達第 1 の 14(2)）。したがって，承役地に登記されている要役地の地番に変更はないので，承役地の登記事項中の要役地の表示について変更登記を申請する必要はない。

2:3:2:1:1　分筆後の土地の一部について要役地地役権を消滅させる場合

①　要役地地役権の登記がある甲土地から甲―２土地を分筆する登記をする場合において，甲―２土地の地役権を消滅させることを証する情報の提供があったとき（この土地を目的とする第三者の権利に関する登記がある場合は，第三者の承諾証明情報を併せて提供する。）は，甲土地に，甲―２土地の地役権が消滅した旨を付記登記しなければならない。このとき，甲―２土地に地役権の登記を転写する必要はない（不登規則 104 条 6 項；2 項）。

なお，甲―２土地の地役権が消滅する場合，地役権の対象とされている乙土地の承役地地役権設定登記中の要役地について所要の変更登記の申請をする必要はない。

②　①の分筆登記を申請する場合において，甲土地の地役権を消滅させることを証する情報の提供があったときは，甲土地に地役権が消滅した旨を付記登記によってした上，その地役権の登記を抹消する記号を記録しなければならない（不登規則 104 条 6 項・3 項）。このときは，甲―２土地に地役権の登記を転写する（不登規則 102 条 1 項前段）。

③　②において，分筆後の土地の地番を定めるときは，地役権を消滅させない分筆後の甲―２土地について，分筆前の土地の番号を用いる。この場合に分筆前の土地に支号がないときは，分筆した土地について支号を設けない地番とすることができる（不登準則 67 条 1 項 5 号）。

2:3:2:1:2　承役地地役権の登記がある土地の分筆登記を申請する場合

①　承役地地役権の登記がある土地の分筆登記を申請する場合において，地役権設定の範囲が分筆後の土地の一部であるときは，地役権設定の範囲を

申請情報とし（不登令３条13号別表八申請情報ロ），その範囲を証する地役権者が作成した情報又は地役権者に対抗することができる裁判があったことを証する情報及び地役権図面を提供する（同令７条６号別表八添付情報ロ）。

そこで，登記官は，承役地について分筆登記をした場合は，地役権設定の範囲及び地役権図面番号を記録し（不登規則103条１項，160条１項），職権で要役地地役権の登記記録中分筆登記に係る承役地の不動産所在事項の変更登記をする（不登規則103条２項，159条１項各号）。

②　承役地地役権のある乙土地から乙―２土地を分筆する場合は，法40条（分筆に伴う権利の消滅登記）により，

a　乙―２土地について地役権がなくなるときは，乙土地の登記記録の権利に関する登記についてする付記登記によって乙―２土地についてその権利が消滅した旨を記録しなければならない。このときは，不登規則102条１項の規定にかかわらず，消滅に係る権利に関する登記を乙土地の登記記録に転写する必要はない（不登規則104条４項・２項）。

b　乙土地について地役権がなくなるときは，分筆後の乙土地の登記記録の権利に関する登記についてする付記登記によって乙土地についてその権利が消滅した旨を記録し，その権利に関する登記を抹消する記号を記録しなければならない（不登規則104条５項・３項）。このときは，乙土地に地役権の登記を転写し（不登規則102条１項），地役権設定の範囲及び地役権図面番号を記録しなければならない（不登規則103条１項）。

2:3:2:1:3　共にその権利の目的である旨の記録

分筆後のいずれの土地にも地役権が存続する場合は，買戻しの特約など「担保権以外の権利」にするような「共にその権利の目的である」旨の記録をする必要はない（不登規則102条１項，３項）。括弧書き内で「地役権を除く。」と規定しているからである。旧不登法（83条１項及び85条２項）には，「地役権を除く」という定めはなかったが，「共ニ其権利ノ目的タル旨」の記載又は付記は要しないとする解釈が示されており（質疑応答5792（登研390-92），かつ，平成５年の不登法改正時における通達（平５.７.30民三5320号民事

局長通達）は，「承役地についてする地役権の登記がある甲地を分割してその一部を乙地に合併する場合において，合併後の乙地の一部に地役権が存続することとなるときの手続（旧不登法85条5項，84条1項，不登細則57条）をする場合には，転写した地役権の登記に合併した部分のみが甲地と共に地役権の目的である旨の記載をすることをも必要であるが（旧不登法85条2項），合併した部分のみが地役権の目的である旨の記載は，その登記を合併前の甲地の登記用紙から転写した旨の記載をすることをもって足りるものとする。」としている（新QA 1-370）。

なお，現行不登法の記録例（18，23，24）にも「共に」の記載はない。ただし，賃借権には「共に」の記載をする（記録例25）。なお，3：5：3④参照。

2：3：3　合筆登記の禁止と特例

① 次に掲げる土地の合筆登記はすることができない（不登法41条）。

a　相互に接続していない土地

b　地目又は地番区域が相互に異なる土地

c　表題部所有者又は所有権の登記名義人が相互に異なる土地

d　表題部所有者又は所有権の登記名義人が相互に持分を異にする土地

e　所有権の登記がない土地と所有権の登記がある土地

f　所有権の登記以外の権利に関する登記がある土地（②の土地を除く。）

② 次に掲げる土地の合筆登記はすることができる（不登規則105条各号）。

a　承役地についてする地役権の登記

b　担保権の登記であって，登記の目的，申請の受付の年月日及び受付番号並びに登記原因及びその日付が同一のもの

c　信託の登記

d　鉱害賠償登録規則2条に規定する登録番号が同一のもの（注）

（注）鉱害賠償の支払登録のある土地は，登録番号が同一なものを除いて合筆登記をすることができない。すなわち，換地処分によって土地の一部とすることはできないから，その登録地を従前地とし，その従前地（底地）そのもの（全く同一の区画）を換地として定める以外に方法はないのである（この場合の登記

手続については，田中ほか「鉱害賠償登録のある土地の換地処分手続について」登研670-95）。

2:3:4　申請人

施行者は，法82条によって代位登記を申請することができる。

① 個人施行の場合で1人施行のときはその者，施行者が共同施行の場合はその共同施行者全員，組合施行の場合は法人である組合の代表者又はその代理人，区画整理会社施行の場合は，その会社が申請人となる。

また，市町村，都道府県，国土交通大臣又は機構等が施行者である場合は，それぞれ（の長）が嘱託人となる。

② 数人が共同で事業を施行する場合，代位登記（及び換地処分）の登記は，共同施行者の代表が単独で申請することはできない（昭41.7.27民三発618号民事局第三課長依命回答（土地改良））。

なお，共同施行者全員で申請する場合の申請情報には，「代位者・法第4条第1項の規定による共同施行者・何県何市何町何番地何某外何名」の振合いで記載して差し支えない（昭42.2.7民事甲286号民事局長回答（土地改良））。

2:3:5　登記の時期

法82条2項の規定による分筆登記の申請は，法83条の施行地区に含まれる土地等の登記所への届出と共にしなければならない。

その他の分筆又は合筆登記の申請は，事業施行のため必要がある場合にすることができるが，その時期は，法83条による登記所への届出がされたときから換地計画が決定されたときまでである。

2:3:6　申請手続

申請情報の記載例（代登様式1号）により，所有者ごとに別件として作成する。

この様式は，建設省計画局長通達（昭31.12.19建設計発377号）及び法務省民事局長通達（昭31.9.26民事甲2206号）において，換地処分の場合の登記申請書の様式及びその作成要領として定められたものを，「土地改良登記令等による登記申請書の様式等について（平19.3.29民二794号民事局長回答・民二795号民事局第二課長依命通知」（以下，「新土地改良様式」という。）により，代位登記について代登様式第1号から第6号まで，及び換地処分の登記について換登様式第1号から第4号までを作成したものである。

土地の分筆登記の申請をする土地が同一の登記所の管轄区域内にある場合には，2以上の不動産について一の申請情報によって申請することができる（登記規則1条）。

2:3:7　申請情報の内容

登記の申請をする場合に提供しなければならない申請情報の内容は，次の事項である。(注)

a　登記の目的（不登令3条5号）

b　分筆する不動産の表示（不登令3条7号）及び分筆後の不動産の表示（同条13号別表八申請情報欄イ）

c　地役権の登記のある承役地の分筆登記をする場合に，地役権設定の範囲が分筆後の土地の一部であるときは，地役権の範囲（同別表八申請情報欄ロ）

d　添付情報の表示（不登規則34条1項6号）

e　申請の年月日（同項7号）

f　登記所の表示（同項8号）

g　申請人が代位者である旨の表示と被代位者の表示並びに代位原因（不登令3条4号），代位者の電話番号その他の連絡先（不登規則34条1項1号）

h　登記完了証の通知を送付によることを希望する場合には，その旨と送付先の住所（不登規則182条）

i　申請人である代位者の記名押印。ただし，不登規則47条各号で定める場合を除く（不登令16条1項）

(注)　法82条による土地の分筆又は合筆登記の申請の場合は，申請自体が分筆又は合筆を求める行為であるから，「登記原因及びその日付」欄は，不要である。

2:3:8　添付情報

登記の申請をする場合に申請情報の内容とともに提供すべき添付情報は，次のとおりである（注1）。

a　代位原因証明情報（不登令7条1項3号，2：2：4：1）

b　資格証明情報（代理権限証明情報，2：2：4：2，3）

- 共同施行による個人施行の規約に業務を代表して行う者を定めている場合において，代表者が登記を申請するときは，規約中に代表者に登記申請を委任する旨の規定を定めていなければならず，添付情報として，規約，共同施行者名簿及びその者が共同施行者の代表者である旨の都道府県知事の証明情報を提供しなければならない（昭43.1.17民事甲33号民事局長通達三（旧土地改良様式））。
- 組合が申請する場合には，都道府県知事が理事（代表理事）の資格を認証した証明情報を提供する（「質疑応答2838」登研134-46）。
- 機構等（独立行政法人都市再生機構，公社）が申請する場合は，登記事項証明書又は登記事項証明書に代わる情報（不登法11条）を提供する。

資格証明書は，作成後3月以内のものでなければならない（不登令17条）。

c　分筆後の土地の地積測量図（同項6号別表八添付情報欄イ，2：2：4⑦）

特別の事情がない限り，分筆後の土地の全筆について基本三角点等に基づく測量を行い（不登準則72条2項），その成果による座標値を基に求積方法等（不登規則77条1項）によって登記をする土地の地積等を明らかにした図面（不登令3条3号）を提供する（注2）。

d　地役権図面（同項6号別表八添付情報欄ロ）等（地役権存続証明情報）

分筆登記を申請する土地に地役権の承役地の登記があり，地役権設定の範囲が分筆後の土地の一部である場合は，地役権設定の範囲を証する地役権者が作成した情報又は地役権者に対抗することができる裁判があったことを証する情報及び地役権図面を提供する。地役権図面は，地役権設定の範囲が承役地の一部である場合における承役地設定の範囲を明らかにする図面である（不登令２条４号）。

e　表題部所有者等又は所有権の登記名義人等を被代位者（不登法30条）とする場合には，被代位者である旨の情報（不登令７条１項４号）と登記名義人となる者の住所証明情報（同項６号別表四添付情報欄ニ，２：２：４：４）

（注１）　登記令２条の代位登記については，法83条による施行地区を管轄する登記所に届出がされている場合は，代位登記の目的とされる土地の範囲が施行地区内に限定されるので，別途，代位原因証明情報を添付する必要はない。

（注２）　仮換地指定を受けている従前地の分筆登記については，１：５：７：３：３（平16．２．23民二492号民事局第二課長通知）を参照。

なお，地積測量図及び土地所在図等については，平成22年の登記規則・準則改正に注意を要する（３：７：３）。

２：３：９　登記識別情報

所有権の登記がある土地の合筆登記を申請する場合は，合筆前のいずれか１筆の土地の所有権の登記名義人の登記済証（登記識別情報）を提供するれば足りる（不登令８条２項１号）。

【様式１】　土地の分筆登記申請書（代登様式第１号）

登　記　申　請　書（抄）（注１）

登記の目的　　分筆（注２）
被代位者　　○○市○○町○番地（注３）
　　　　○○　○○
代位原因　　法第82条（注４）
添付情報（注５）
　　代位原因証明情報（注６）　地積測量図（注７）　資格証明情報（注８）（土地所有者等の承諾証明情報）（注９）（地役権図面）（注10）

登録免許税　　登録免許税法第5条第6号（注11）

（注1）　登記情報の提供者が，官庁若しくは公署以外による「申請」であるか官庁若しくは公署による「嘱託」であるか（不登法16条1項）を記載する。

（注2）　登記の申請をする目的（不登令3条5号）である「分筆」と記載する（不登法39条，不登令3条13号別表八登記欄）。

（注3）　被代位者の表示を記載する（不登令3条4号）。

（注4）　代位原因となる根拠法の条項（不登令3条4号）である「土地区画整理法第82条」と記載する。

（注5）　申請情報の内容を明示するため「添付情報」を記載する（不登規則34条1項6号）。

（注6）　代位原因証明情報（不登令7条1項3号）は，管轄登記所に対して，法83条の届出をしている場合には，添付を省略して差し支えない（新土地改良様式第1の2⑴ア）。

（注7）　分筆後の土地の地積測量図を提供する（不登令7条1項6号別表八添付情報欄イ）。

地積測量図は，1筆の土地の筆界点について基本三角点等に基づく測量の成果による座標値を基に求積方法等（不登規則50条1項）によって登記をする土地の地積等を明らかにするための図面（不登令2条3号）である。

（注8）　資格証明情報を提供する（不登令7条1項1号）。ただし，申請する登記所が，法人の登記をした登記所と同一であり，法務大臣が指定した登記所以外である場合（不登規則36条1項1号）又は法人の登記をした登記所と同一である登記所に準ずるものとして法務大臣が指定した登記所である場合（不登規則36条1項2号）は，提供を省略することができる。この場合は，「資格証明情報（添付省略）」と記載する。官庁又は公署が嘱託をする場合には，この記載も不要である。

（注9，10）　分筆の登記を申請する土地に地役権の承役地の登記があり，地役権設定の範囲が分筆後の土地の一部であるときは，地役権設定の範囲を証する

地役権者が作成した情報又は地役権者に対抗することができる裁判があったことを証する情報及び地役権図面（不登令7条1項6号別表八添付情報欄ロ）を提供する（2：3：8 d）。

（注11） 事業に関する登記は，原則として，非課税である。

【記録例】（省略）（不登記録例16～18）

【様式1の2】 地役権が土地の一部に存続する場合の土地の分筆登記申請書

登　記　申　請　書（抄）

登記の目的　　土地の分筆登記
被代位者　　〇〇市〇〇町〇番地
　　　　　　〇〇　〇〇
代位原因　　法第82条
添付情報
　　代位原因証明情報　土地所在図　地積測量図　地役権証明情報（印鑑証明書付き）　地役権図面　資格証明情報
登録免許税　　登録免許税法第5条第6号
土地の表示
　分筆前の土地　何番の宅地　何㎡
　分筆後の土地
　　(イ)　何番1の宅地　何㎡
　　(ロ)　何番2の宅地　何㎡　地役権存続部分　南側何㎡

【様式1の3】　地役権存続証明書

証　　明　　書
土地の表示 　分筆前の土地　何番　　宅地　○○㎡ 　分筆後の土地　何番1　宅地　○○㎡ 　分筆する土地　何番2　宅地　長さ○○m　幅○○m　面積○○㎡ 　　○年○月○日受付第何号　順位何番の地役権が存続すべき部分 　　南側　長さ○○m　幅○○m　面積○○㎡ 　上記のとおり地役権が存続することを証明する。 　　○年○月○日　　　地役権者　○○　○○　㊞

【記録例1】　分筆後の何番2の土地のみに地役権が存続する場合（抄）（不登記録例20）

［承役地］

権利部（乙区）			
順位番号	登記の目的	受付年月日・受付番号	権利者その他の事項
1	地役権設定	（省略）	原　因　○年○月○日設定 目　的　通行 範　囲　南側何㎡ 要役地　何番 地役権図面第何号
付記1号	1番地役権変更		範　囲　南側何㎡ 地役権図面第何号 ○年○月○日付記
付記2号	分筆後の何番1の土地に1番地役権不存在		○年○月○日付記

［要役地］

権利部（乙区）			
順位番号	登記の目的	受付年月日・受付番号	権利者その他の事項
1	要役地地役権		承役地　何番 目　的　通行 範　囲　全部 ○年○月○日登記
付記1号	1番要役地地役権変更		原　因　○年○月○日分筆 承役地　何番2 範　囲　南側何㎡ ○年○月○日付記

【様式1の4】　地役権登記がある土地の合筆登記申請書

登　記　申　請　書（抄）

登記の目的　　土地の合筆登記

被代位者　　○○市○○町○番地

○○　○○

代位原因　　法第82条

添付情報

代位原因証明情報　土地所在図　地積測量図　地役権証明情報（印鑑証明書付き）　地役権図面　資格証明情報

登録免許税　　登録免許税法第5条第6号

土地の表示（注）

合筆前の土地　1番の宅地　何㎡

合筆する土地　2番の宅地　何㎡

合筆後の土地　2番の宅地　何㎡　地役権存続部分　南側何㎡

（注）　１番の土地全部に地役権がある場合に，この１番の土地を地役権のない２番の土地に合筆し，合筆後の２番の土地の一部に地役権が存在する場合

【記録例２】　１番の土地の全部に地役権が存する場合に合筆する２番の土地にする地役権の登記（抄）（不登記録例32）（注）

［承役地・２番の土地］

権利部（乙区）			
順位番号	登記の目的	受付年月日・受付番号	権利者その他の事項
1	地役権設定	（省略）	原　因　○年○月○日設定 目　的　通行 範　囲　全部 要役地　Ａ番 合筆前の１番の土地順位１番の登記を移記 ○年○月○日受付第○号
付記１号	１番地役権変更		範　囲　南側何㎡ 地役権図面第○号 ○年○月○日付記

［要役地・Ａ番の土地］

権利部（乙区）			
順位番号	登記の目的	受付年月日・受付番号	権利者その他の事項
1	要役地地役権		承役地　　１番 目　的　　通行 範　囲　　全部 ○年○月○日登記
付記１号	１番要役地地役権変更		原　因　○年○月○日合筆 承役地　２番 範　囲　南側何㎡ ○年○月○日付記

（注）　２番の土地（乙土地）に登記の目的，申請の受付年月日及びその日付が同一の承役地にする地役権の登記があるときは，移記登記に代えて，２番の土地（乙土地）の登記記録に「（合筆前の）１番の土地（甲土地）について（順位１番の登記と）同一事項の登記がある」旨を記録しなければならない（不登規則107条３項，旧不登法85条３項）。しかし，実際には，このようなケースはまれであろう。

2：4　登記令２条による登記

2:4:1　意義

施行者は，換地計画に定める区域内の事業の工事が完了したときは，換地処分による登記を申請しなければならない（登記令10条）。また，従前地上の建物（法107条２項）について移転又は除却等がされたときは，換地処分による土地の登記と併せて，「変動に係る登記」（法107条２項）をする必要がある（登記令15条）。

この登記は，膨大な事務量を有するため，換地処分の公告のあった日の翌日から登記完了まで相当長期間にわたって一般の登記を停止して行われるので，早期の処理が必要とされる。

しかし，申請情報に援用される換地計画書（換地明細書）の記載が登記記録と符合しない次のような場合，申請は，不登法25条の規定によって却下される。

a　土地の所有者死亡による相続登記未了のため登記記録上は被相続人名義のままであるが，換地計画は相続人を相手方として定められている場合

b　所有者の氏名・住所に変更が生じているが，登記記録上は変更前のままとなっている場合

c　換地処分に伴う建物の所在変更の登記申請において建物と建物の表示に関する登記の登記事項（種類，構造，床面積）とが符合しない場合

そこで，施行者は，換地処分に伴う登記を申請する場合において，必要があるときは，所有者等に代わって次の５つの登記を申請することができるとされている（登記令２条，２：１：３）。

2:4:2　不動産の表題登記

2:4:2:1　意義

①　登記記録のない土地については，施行者が，所有者に代位して，換地処分の登記の申請をする前に土地の表題登記をしておく必要がある。

施行地区内に新たに生じた土地（公有水面埋立地など）並びに登記記録がない脱落地及び二線引国有畦畔の土地（3：2：2：8：1）など表題登記がない土地についての換地処分に伴う登記申請（法107条2項）は却下されてしまう。

本来，新たに生じた土地又は表題登記のない土地の所有権を取得した場合には，所有権を取得した者が申請しなければならないが（不登法36条），土地の所有権を取得した者が土地の表題登記の申請をしない場合には，土地の所有者に代わって施行者が登記の申請をすることが可能である。

② 表題登記のない建物等を従前の土地から仮換地に現状のまま移転したとき（法77条1項による移転等（全部除却を除く。））は，換地処分によって所在変更の登記をしなければならないが，この場合も，建物の表題登記をする必要があるから，施行者は，所有者に代わって申請できる。ただし，事業の施行により何ら変更のない建物が未登記の場合にはすることができない。また，仮換地指定後に仮換地上に新築された建物も対象とならない。

③ 地番のない土地を含む官公署の所有地は，事業計画書への記載や換地設計の対象となるか確認する必要があるので，宅地・公共用地に分類しなければならない。

地番のない土地は，すべて国有地と推定され，登記所備え付けの地図又は公図から抽出し，現地調査及び官公署の調査により宅地・公共用地に分類し，所管官公署を特定しておく。

また，登記所に古い公図が保管されている場合は，赤又は青に着色された赤道・青地（公共用地の扱いとなる。）を確認しておくことも必要である。

赤道・青地と異なる二線引国有畦畔は，宅地・公共用地が混在していることもあるので，運用指針Ⅴ1(5)④の留意事項に注意して処理する（池田Ⅰ47）。

④ ③の調査から特定された無地番の宅地（無地番の公共用地を除く。）は，そのままでは換地処分の登記ができないので，原則として，現地確認ができる仮換地指定以前に代位登記を申請する。ただし，公有水面については，

その埋立ての免許に係る水面を宅地とみなし，その者を宅地の所有者とみなすので（法131条），埋立竣功認可後から換地計画作成時までに町区域の新設又は変更を行ってから申請する。したがって，登記されるまでの間に仮換地指定をする必要があるときは，その従前地は「○○番○地先」と表記する。

2:4:2:2　申請情報の内容

登記令2条1号の登記の申請は，登記の目的又は登記原因が同一でないときでも，各号に掲げる登記ごとに，一の申請情報によって申請することができる（登記規則1条，2：2：1）。

① 施行者が土地の所有者に代位して申請する土地の表題登記の申請情報には，表題部所有者となる者が申請する場合の申請情報（不登令3条，不登規則34条）のほか，申請人が代位者である旨の表示と被代位者の表示並びに代位原因を記載する。

② 代位者の電話番号その他の連絡先とともに登記完了証の通知を送付によることを希望する場合は，「登記完了証の通知を希望する旨と送付先の住所」を記載し（不登規則182条），申請人である代位者が署名する（不登規則47条）。

登記原因は，登記事項ごとに記載する。

③ このほか，施行者が，土地の所有者に代位して登記の申請をする土地の表題登記の申請情報の内容は，次のとおりである。

a　登記の目的並びに登記原因及びその日付（不登令3条5号，6号）

b　土地の表示に関する事項（同条7号）

c　添付情報の表示（不登規則34条1項6号）

d　申請の年月日（同項7号）

e　登記所の表示（同項8号）

f　申請人が代位者である旨の表示と被代位者の表示並びに代位原因（不登令3条4号），代位者の電話番号その他の連絡先（不登規則34条1項1号）

g　登記完了証の通知を送付によることを希望する場合には，その旨と送

付先の住所（不登規則 182 条）

h　申請人である代位者の記名押印。ただし，不登規則 47 条各号で定める場合を除く（不登令 16 条 1 項）

2:4:2:3　添付情報

添付情報としては，次の情報が必要である（2：2：4）。

a　代位原因証明情報（不登令 7 条 1 項 3 号）

b　代位者が法人であるときは，会社法人等番号又は資格証明情報（同項 1 号）

c　土地所在図，地積測量図，所有権証明情報，住所証明情報（同項 6 号別表四添付情報欄イ～ニ）

【様式２】　不動産の表題登記申請書（代登様式第２号）

登　記　申　請　書（抄）

登記の目的　　土地の表題登記（注１）
被代位者　　○○市○○町○番地（注２）
　　　　　　○○　○○
代位原因　　登記令第２条第１号（注３）
添付情報
　　　　　　代位原因証明情報（注４）　土地所在図（注５）　地積測量図（注６）　所有権証明情報（注７）　住所証明情報（注８）　資格証明情報（注９）
登録免許税　　登録免許税法第５条第６号
不動産の表示（注 10）
　登記原因及びその日付（注 11）

（注１）　登記の目的（不登令３条５号）は，表題部に最初にする登記（不登法２条

20号）であるから，「土地の表題登記」と記載する（不登法36条）。

（注２） 被代位者の表示を記載する（不登令３条４号）。

（注３） 代位原因となる根拠法条項である「登記令第２条第１号」と記載する。

（注４） 代位原因証明情報（不登令７条１項３号）は，管轄登記所に対して，法83条の届出をしている場合には，添付を省略して差し支えない（土地改良に関する平19．３．29民二795号民事局第二課長依命通知）。

（注５） １筆の土地の所在を明らかにする図面（不登令２条２号）として，「土地所在図」（不登令７条１項６号別表四添付情報欄イ）と記載する。

（注６） １筆の土地の地積に関する測量の結果を明らかにする図面（不登令２条３号）として，「地積測量図」（同添付情報欄ロ）と記載する。

（注７） 表題部所有者となる「所有権証明情報」（同添付情報欄ハ）と記載する。

（注８）「住所証明情報」（同添付情報欄ニ）と記載する。

（注９） 会社法人等番号又は「資格証明情報」（不登令７条１項１号）と記載する。ただし，申請を受ける登記所が，法人の登記を受けた登記所と同一であり，法務大臣が指定した登記所以外である場合（不登規則36条１項１号）又は法人の登記を受けた登記所と同一である登記所に準ずるものとして法務大臣が指定した登記所である場合（同項２号）は，提供を省略することができるので，この場合は，「資格証明情報（添付省略）」と記載する。官庁又は公署が嘱託をする場合には提供を要しないから，この記載も不要である。

（注10） 土地の地番は，登記所が起番するので記載しない（不登令３条７号ロ括弧書き）。ただし，予定地番が判明しているときは，予定地番を記載することはできる。

（注11） 不動産の表示中の土地が生じた登記原因及びその日付を記載する（不登令３条６号）。通常は，土地が生じた登記原因及びその日付は不明であるから，「年月日不詳」と記載する。

2:4:3　不動産の表題部の登記事項に関する変更更正登記

2:4:3:1　意義

土地の表題部の登記事項に関する変更更正登記とは，土地の所在，地番，地目，地積，及び表題部所有者の表示についての変更更正の登記をいう。

① この登記の申請は，登記の目的又は登記原因が同一でないときでも，各号に掲げる登記ごとに，一の申請情報によって申請することができる（登記規則１条）。この場合，登記原因は，登記事項ごとに記載する。

② 登記記録の表題部に記録してある「地目」又は「地積」あるいは表題部所有者の表示が，事業に伴う登記の申請情報に記録と合致していない場合，換地処分の登記の申請は，却下される。

そこで，施行者は，所有権の登記のない土地にあっては表題部所有者，所有権の登記のある土地にあっては「所有権の登記名義人又はこれらの相続人その他の一般承継人」（以下「所有名義人等」という。）に代位して不動産の表題部の登記事項に関する変更更正登記の申請をする（登記令２条２号）。ただし，表題部所有者の氏名等の変更登記以外の代位登記申請はまれで，表題部の登記事項に錯誤又は遺漏があった場合の更正登記が申請される程度である（注）。

③ 建物については，換地処分による建物の所在変更の登記をするに当たって，事業の施行によって建物の所在，家屋番号，種類，構造，床面積等が変動を生じていたときは，前もって，建物の表題部の登記事項に関する変更登記をしておく必要がある。そこで，施行者は，表題部所有者若しくは所有権の登記名義人又はこれらの相続人その他の一般承継人に代わって，その変更登記を申請できるものとしている。

（注） 各筆換地明細書（規則13条）に従前地を表示する場合は，登記記録の表示を記載し，施行者が換地交付の標準として採用する表示が登記記録の表示と一致しないときは，分合筆登記未済による不一致の場合を除き，換地交付の標準として採用する表示を同欄下段余白に朱書きするなどする（昭26.12.12民事甲2341号民事局長通達別紙三（一）⑸（土地改良））。そして，同通達に従って処理された換地処分の登記申請をする場合は，換地処分の前提としての従前地の表示変更の登記を必要としない（昭27.７.１民事甲955号民事局長通達（土地改良））。

2:4:3:2　申請情報の内容

施行者が土地の所有者に代位して，所有権の保存登記がされていない土地についての表題部所有者の登記事項の変更更正の登記申請をするときの申請情報の内容は，次のとおりである（2：2：3）。

a　登記の目的（不登令３条５号）並びに登記原因及びその日付（同条６号）

b　不動産の表示（同条７号）とその変更更正後の情報（同条13号別表一～三，五～七の申請情報欄）

c　添付情報の表示（不登規則34条１項６号）

d　申請の年月日（同項７号）

e　登記所の表示（同項８号）

f　申請人が代位者である旨及び被代位者の表示並びに代位原因（不登令３条４号）

被代位者が表題部所有者又は所有権の登記名義人の相続人その他の一般承継人であるとき（不登法30条）は，その旨（不登令３条10号）

g　代位者の電話番号その他の連絡先（不登規則34条１項１号）

h　登記完了証の通知を送付によることを希望する場合には，登記完了証の通知を希望する旨と送付先の住所（不登規則182条）

2:4:3:3　添付情報

施行者が，土地の表題部所有者又は所有権の登記名義人に代位して登記を申請する場合に必要な添付情報は，次のとおりである（2：2：4）。

a　代位原因証明情報（不登令７条１項３号）

b　代位者が法人であるときはその資格証明情報（同項１号イ又はロ）

c　地積の変更更正登記の場合は，地積測量図（同項６号別表五添付情報欄）

変更後の地積とその求積方法，筆界点間の距離，筆界点の座標値等を記載（不登規則77条１項）する。

d　地目の変更更正登記の場合は，地目の変更を証する情報の添付は不要（不登令７条１項６号別表五添付情報欄）。

土地の現況及び利用目的に重点が置かれ，全体の状況を判断して定められる（不登規則 99 条，不登準則 68 条）。

e　表題部所有者の表示の変更更正登記の場合は，表題部所有者の住所を証する市町村長，登記官又はその他の公務員が作成した情報又はこれに代わるべき情報（不登令７条１項６号別表一添付情報欄）

f　被代位者が表題部所有者又は所有権の登記名義人の相続人その他の一般承継人（不登法 30 条）である場合は，その旨の情報（不登令７条１項４号）並びに相続人の住所証明情報（同項６号別表三十添付情報欄ロ）若しくは会社その他の法人の登記事務を管轄する登記所の登記官が発行した被合併会社の登記事項証明書及び合併後の会社の登記事項証明書

【様式３】　不動産の表題部の登記事項に関する変更更正の登記（代登様式第３号）（省略）

2:4:4　登記名義人の表示の変更更正登記

2:4:4:1　意義

事業区域内の土地について，登記記録の所有権登記名義人の表示が，現況と一致していない場合には，登記名義人がその表示の変更更正登記を申請することができる（不登法 64 条）。換地処分に基づく登記の申請情報に記録されている登記名義人の表示が，登記記録の所有者の表示と合致していないと登記の申請は，却下される。そこで，施行者は，「登記名義人又はその相続人その他の一般承継人」（以下「登記名義人等」という。）に代位して所有者の表示についての変更更正登記の申請をすることができる。

登記の申請は，登記の目的又は登記原因が同一でないときでも，一の申請情報によって申請することができる（登記規則１条）。この場合，登記原因又は登記の目的をそれぞれに記載する。

2:4:4:2　登記の種類

登記名義人の表示変更登記としては，次の場合がある。

a　住所移転又は主たる事務所（本店）移転

b　住居表示の実施，行政区画等又はその名称の変更

c　氏又は名の変更

d　名称（商号）の変更

なお，建物については，所有権登記名義人等の表示に変更があっても登記記録上の氏名若しくは名称又は住所のままで換地処分に伴う建物の所在の変更登記を申請することができるので，代位登記の必要はない。

2:4:4:3　申請情報の内容

施行者が，登記名義人等に代位して登記を申請する場合に必要な申請情報は，次のとおりである（2：2：3）。

a　登記の目的（不登令３条５号）並びに登記原因及びその日付（同条６号）

b　不動産の表示（同条７号）

c　土地の所有権の登記名義人の変更更正後の情報（同条13号別表二十三申請情報欄）

d　添付情報の表示（不登規則34条１項６号）

e　申請の年月日（同項７号）

f　登記所の表示（同項８号）

g　申請人が代位者である旨及び代位者の表示並びに代位原因（不登令３条４号）

h　代位者の電話番号その他の連絡先（不登規則34条１項１号）

i　登記完了証の通知を送付によることを希望する場合は，登記完了証の通知を希望する旨と送付先の住所（不登規則182条）

j　登記名義人を被代位者として登記名義人の変更更正登記をする場合は，登記名義人の相続人その他の一般承継人である旨（不登令３条11号イ）

k　登録免許税は課税されないから，その根拠規定を「登録免許税法第５条第６号」の振合いで記載する（不登規則189条２項）。

2:4:4:4　添付情報

施行者が，所有権の登記名義人等に代位して登記を申請する場合に必要な

添付情報は，次のとおりである（2:2:4）。

a　変更更正後の情報を記録した登記原因証明情報（不登令7条1項6号別表二十三添付情報欄）

b　申請人が法人であるときは，法人の代表者であることの資格を証する情報（同項1号イ，ロ）

c　代位原因を証する情報（同項3号）

d　所有権の登記名義人等を被代位者とする場合は，被代位者が所有権の登記名義人の相続人その他の一般承継人である旨の情報（同項5号イ）

【様式4】　登記名義人の氏名·名称又は住所の変更更正登記（代登様式第4号）（省略）

2:4:5　所有権の保存登記

2:4:5:1　意義

事業区域内の土地について，表題登記はあるが所有権の保存登記がなく，表題部所有者が死亡しているとき又はその他の一般承継人へ権利が承継されているときは，登記名義人を当事者として換地処分をすることができないので，あらかじめ相続人又はその他の一般承継人を当事者とする保存登記を申請（不登法74条1項1号）する必要がある。

登記の申請情報に記録されている所有者が，登記記録に記録されている表題部所有者等であったとしても表題部所有者と違っていれば，登記の申請は却下される。そこで，表題部所有者等が所有権の保存登記の申請をしないときは，施行者は，表題部所有者等に代位して所有権の保存登記を申請することができることとしている（登記令2条4号）。

なお，施行者は，表題部所有者（現に生存している者）名義にする所有権の保存登記をすることはできない。所有権の登記がされていなくても，換地処分に伴う登記に支障がない（登記令8条）からである（昭42.10.13民事甲2164号民事局長回答（土地改良））。

また，建物の登記記録上の表題部所有者が死亡していても被相続人名義のままで換地処分に伴う建物の所在変更の登記を申請することができるので，建物の所有権の保存登記の申請は必要としない（注）。

（注） 表題部所有者が死亡して相続が開始しても，相続人が特定できない場合は，相続人による所有者としての所有権の保存登記はできないが，換地処分に基づく登記申請をするために所有者を特定する必要があるから，表題部所有者に「亡」の字を冠記して所有権の保存登記をして，相続人が特定したときに相続人が所有権の保存登記をすることは可能ではないか（細田42）。

2:4:5:2 申請情報の内容

この登記に必要な申請情報の内容は，次のとおりである（2：2：3）。

a 登記の目的（不登令3条5号）

b 不動産の表示に関する事項（同条7号）

c 添付情報の表示（不登規則34条1項6号）

d 申請の年月日（同項7号）

e 登記所の表示（同項8号）

f 申請人が代位者である旨及びその表示並びに代位原因（不登令3条4号）

g 被代位者が表題部所有者の相続人その他の一般承継人である旨（不登令7条1項6号別表二十八添付情報欄イ）

h 代位者の電話番号その他の連絡先（不登規則34条1項1号）

i 登記完了証の通知を送付によることを希望する場合は，登記完了証の通知を希望する旨と送付先の住所（不登規則182条）

j 登記識別情報（登記令3条）についての通知を希望しない場合はその旨，書面での登記識別情報についての通知の送付を希望する場合には，その旨及び送付先の住所（不登規則63条3項）

2:4:5:3 添付情報

この登記に必要な添付情報は，次のとおりである（2：2：4）。

a 相続人その他の一般承継人による承継を証する情報（不登令7条1項6

号別表二十八添付情報欄イ）

b　登記名義人となる者の住所証明情報（同添付情報欄ニ）

c　代表者の資格証明情報（不登令7条1項1号イ，ロ）

d　代位原因証明情報（同項3号）

2:4:5:4　登録免許税

登録免許税は課されないから，その根拠条項「登録免許税法第5条第6号」を記載する（不登規則189条2項）。

【様式5】　相続による所有権の保存登記（代登様式第5号）（省略）

【記録例3】（抄）

- 登記事項欄の末尾に，代位者の表示及び代位原因を記録する（不登法59条7号）。

2:4:6　相続その他の一般承継による所有権の移転登記

2:4:6:1　意義

換地処分に基づく登記の申請情報に記録されている所有権の登記名義人の表示が，登記記録の所有権の登記名義人の表示と相違していると申請は却下される（不登法25条4号）。そのため，所有権の登記名義人の所有権が「相続その他の一般承継」という原因によって移転していることの登記（不登法62条）をしておく必要がある（注）。

この登記を申請する所有権名義人等がいないときは，施行者は，相続その他の一般承継人に代位して所有権の移転登記の申請をすることができる（登記令2条5号）。ただし，遺贈を原因とする受遺者への所有権の移転登記は含まれない（「質疑応答5750」登研386-99）。

また，建物については，建物の所有権登記名義人が死亡していても，被相続人名義のままで換地処分に伴う建物の所在変更の登記を申請することができるので，相続による所有権の移転登記の申請は必要でない。

（注） 相続以外の一般承継としては，法人の合併及び分割がある。合併の場合は，相続の場合と同様であるから，施行者は，単独で所有権の移転登記を代位申請することができる（不登法63条2項）。しかし，分割による場合は，施行者は，登記権利者に代位して，登記義務者と共同で所有権の移転登記を申請しなければならない（河合ら475）。

2:4:6:2 申請情報の内容

この場合の申請情報の内容は，次のとおりである（2：2：3）。

a 登記の目的（不登令3条5号）並びに登記原因及びその日付（同条6号）

b 不動産の表示に関する事項（同条7号）

c 添付情報の表示（不登規則34条1項6号）

d 申請の年月日（同項7号）

e 登記所の表示（同項8号）

f 代位者である旨及びその表示並びに代位原因（不登令3条4号）

g 被代位者が所有権の登記名義人の相続人その他の一般承継人である旨（同条11号イ）

h 代位者の電話番号その他の連絡先（不登規則34条1項1号）

i 登記完了証の通知を送付によることを希望する場合は，その旨と送付先の住所（不登規則182条）

j 登記識別情報の通知（登記令3条）を希望しない場合は，その旨（不登法21条ただし書）及び書面での登記識別情報の通知（不登規則63条1項2号）を送付により交付を受けることを希望する場合は，その旨と送付先の住所（不登規則63条3項）

2:4:6:3 添付情報

この場合の添付情報は，次のとおりである（2：2：4）。

a 登記原因証明情報（相続人その他の一般承継人を証する情報）（不登令7条1項6号別表三十添付情報欄イ）

b 登記名義人の住所証明情報（同項同号別表三十添付情報欄ロ）

c 施行者の代表者の資格証明情報（同項1号イ，ロ）

d　代位原因証明情報（同項３号）

2:4:6:4　登録免許税

登録免許税は課されないから，その法令の根拠条項「登録免許税法第５条第６号」（不登規則 189 条２項）を記載する。

【様式６】　相続による所有権の移転登記（代登様式第６号）（省略）

【記録例４】（抄）

- 登記事項欄の末尾に，代位者の表示及び代位原因を記録する（不登法 59 条７号）。

2:4:7　その他の登記

2:4:7:1　抵当権の抹消登記

施行者が代位して申請することができるのは，登記令２条に掲げる場合に限るから，施行地区内の土地に登記された抵当権が弁済等により消滅していても，代位による抵当権抹消登記の申請はできない（「質疑応答 4404」登記研究 228-66）。

2:4:7:2　代位登記に錯誤又は遺漏があった場合

登記官は，代位登記によりした所有権の保存登記及び相続その他の一般承継による所有権の移転登記に錯誤又は遺漏を発見したときは，遅滞なく，その旨を登記権利者及び登記義務者に通知し（不登法 67 条１項），かつ，代位者にも通知しなければならない（同条４項）。

この登記の錯誤又は遺漏が登記官の過誤によるものであるときは，遅滞なく，不登法 67 条２項の許可を得て登記の更正をしなければならない（注）。ただし，登記上の利害関係を有する第三者がいる場合は，その者の承諾がなければならない（同条２項）。

なお，施行者の申請に係る登記についての更正登記は，施行者が申請することができる（昭 27.12.27 民事甲 871 号民事局長回答四（土地改良））。

（注） 不登法67条は，「更正登記」をすることに限らず，所有権者として甲を登記すべきところを誤って甲及び乙の共有（又は乙）とした場合にする「登記の更正」を含む。

2:4:8　代位登記受理後の処理

2:4:8:1　登記完了証の通知

① 改正前の不動産登記法（60条）では，「登記済証」が登記が完了したことを通知する制度でもあったが，現行法は，登記済証を廃止し，「登記識別情報」の通知という制度に代わった。この登記識別情報の通知は，申請に基づくすべての登記の申請人に対して通知されることにはなっていない（不登法21条）。

そこで，登記官が登記を完了したときに，申請人に対して，その旨の通知として「登記完了証」を交付することとしている（不登規則181条1項）。

② 代位による登記の申請に伴う登記完了証の通知は，登記の申請人に対してのみならず，登記令2条の規定により他人に代わって申請をした代位者に対してもされる（不登規則183条1項）。ただし，完了証の通知を要しない場合があり（不登規則182条の2），登記令2条の代位登記のうち，1号の不動産の表題登記及び2号の不動産の表示変更登記については，通知されない（登記規則20条・不登規則183条1項1号）。

代位登記が完了したときに登記官から通知される登記完了証を受領するのは，次の場合である。

a 不動産の表題部登記等の表示に関する登記申請（登記令2条1号，2号）の場合は，代位申請人と被代位者である表題部所有者

b 不動産の権利に関する登記申請（同条3号～5号）の場合は，代位申請人と被代位者である所有権の登記名義人（不登規則183条1項）

c 法82条に基づく分筆又は合筆登記の申請の場合は，所有権の登記があるときは被代位者となる所有権の登記名義人，所有権の登記がないときは被代位者となる表題部所有者

【様式７】　登記完了証（不登規則 181 条２項別記第六号様式）（省略）

2:4:8:2　登記識別情報の通知

①　登記名義人が登記を申請する場合において，登記の目的によって登記名義人自らが登記の申請をしていることを証明するために用いられる情報を登記識別情報という。すなわち，登記識別情報は，登記申請人が登記名義人であることを識別するために用いる情報ということになる（不登法２条 14 号）。

登記令２条４号の規定に基づいて申請された所有権の保存登記及び同条５号の規定に基づく所有権の移転登記の申請については，登記が完了したときに登記官が登記識別情報を通知する（登記令３条１項）。

②　登記が完了したときに登記官から登記識別情報が通知されるのは「申請人自らが登記名義人となる場合」であるから，代位登記の申請については，登記が完了しても申請人ではない被代位者には，通知されないが（不登法 21 条），登記令３条１項は，「同条（２条）第４号又は第５号に掲げる登記を完了したときは，速やかに，登記権利者のために登記識別情報を申請人に通知しなければならない。」としている。この通知を受けた申請人（代位者）は，遅滞なく，被代位者である登記権利者にその登記識別情報を通知しなければならない（登記令３条２項）。

③　民法 423 条による代位登記の場合に作成される登記完了証は，その後，登記名義人が登記義務者として申請する場合の登記済証（登記識別情報）とならないが，この登記識別情報は，登記名義人の権利に関する登記識別情報とすることができる（昭 34．４．２民事甲 575 号民事局長通達第二の三）。

【様式８】　登記識別情報通知（不登準則 37 条２項別記第 54 号）（省略）

2:4:8:3　地方税法による通知

登記官は，土地又は建物の表示の登記及び所有権の保存登記（登記令２条４

号）以外の登記（同条１号，２号，３号及び５号）をしたときは，10日以内にその旨を土地又は家屋の所在地の市町村長に通知しなければならない（地方税法382条１項，２項）。

2:4:8:4　登記の更正

登記官は，代位登記により，権利に関する登記に錯誤又は遺漏があることを発見したときは，遅滞なく，その旨を登記権利者及び登記義務者並びに代位者に通知しなければならない（不登法67条１項，４項）。

3　換地処分による登記

3：1　一般の登記の停止

① 施行者は，換地処分に伴う土地及び建物の登記について，換地処分の公告（法103条4項）があった場合は，直ちにその旨を換地計画に係る区域（施行地区）を管轄する登記所に通知する（法107条1項，規則22条）とともに，遅滞なく，施行地区内の土地及び建物について変動に係る登記を申請しなければならない（法107条2項）。

換地処分による登記以外の登記（「他の登記」（注））については，都道府県知事の換地処分があった旨の公告があった後は，その事業による登記をした後でなければすることができない（同条3項本文）。ただし，この登記の停止期間中であっても，一般の登記申請人が確定日付のある書類（確定判決若しくはこれと同一の効力を有する調書又は公正証書若しくは確定日付のある私署証書）により換地処分の公告前に登記原因が発生したことを証明した場合は，その申請に係る一般の登記は，換地処分の登記に先行して受理され，登記がされる（同項ただし書）。

② 登記所が公告のあったことを知らずに，通知を受けるまでの間に一般の登記の申請を受理してしまう可能性もある。そこで，換地処分の登記を迅速かつ円滑に処理するためには，施行者と登記所は，換地処分の公告前から緊密な連絡をとり，あらかじめ対策を立てておく必要がある。

③ 換地処分の登記が申請された後，その換地処分の登記が未了のうちに換地後の土地の表示を記載して登記が申請された場合は，直ちに却下するのではなく，換地処分による登記の実行後の状態で却下原因の存否を判断し，却下原因が存在しないときは，換地処分の登記の実行後にその申請に係る登記をする（昭33．7．1民事甲1331号民事局長心得電報回答（土地改良））。

もっとも，実務上は，申請された地区内の換地処分の登記がすべて完了してから，他の登記の申請を受理している（換地253）。

④ 登記所は，都道府県知事の換地処分の公告が行われた日から換地処分の登記を処理するまでの間に登記事項証明書の交付請求があった場合は，換地処分の登記の申請あるいは登記の処理の有無にかかわらず受理して差し支えないが（前掲回答），受理する際に換地処分の登記が未了である旨を申請人に伝達すべきであろう。

(注) 法107条3項の「他の登記」には，建物の表題登記は含まれないと解されている。したがって，換地処分認可の公告後においても，建物の表題登記をすることはできる。

3：2 換地処分による登記の申請

3:2:1 登記申請の方法

換地処分は，1個の処分によって施行地域内のすべての土地の権利関係を，工事施行後の状態で同時に整序しようとするものであるから，その登記の申請は，事業の施行に係る地域内の土地について，登記すべきもの全部を一の申請情報でしなければならない。ただし，事業の施行に係る地域を数工区に分けて換地計画を定めた場合は，それぞれが独立した事業とみなされるので，その工区ごとにしなければならない（登記令10条1項）。

このほか，次の各場合には，例外として，一の申請情報によらずに地域内の一部の土地について換地処分の登記を申請することができる（同条2項，4項）。

3:2:1:1 権利の設定又は移転登記を必要とする場合その他特別の事由がある場合

① 一の申請情報で申請することが容易にできないという手続上の理由，あるいは一部の換地について早急に一般の登記を必要とする事情等の特別な事由がある場合に登記をいたずらに遅延させることは，登記の公示制度の面から好ましいことではないので，例外的に一部（分割）申請を認めている。

一部申請を認めることについての問題点としては，一部の土地とはどの範囲の土地かということと，特別の事由とはどのようなものか，ということである。

② 一部の土地の範囲については，換地と底地である従前地とが相互に関連する1筆の土地の全部であれば一応権利関係が整序され，他の土地に直接関係することはないので問題はない。例えば，従前地及び換地の全部が，事業の施行に係る地域内の同一の市町村又はその町若しくは字内にあるときは，登記令10条2項の規定により，その市町村又は大字若しくは字ごとに一の申請情報で登記を申請することができる（旧土地改良様式四）とされているからである。

③ 現地換地（換地の底地とその換地の従前地とが現地で一致するもの）でない特定の1個の換地等についても，施行地域内の土地については，既に換地処分によって実体上生じている個々の換地について表示に関する登記をすることになることから，必ずしもすべての土地について一の申請情報ですべき必然性はなく，一部申請を積極的に認めても差し支えないと解されている。

3:2:1:2　一部申請を認める特別の事由

① 登記令10条2項は「換地について権利の設定又は移転の登記を必要とする場合その他特別の事由がある場合……」と規定している。この換地についての権利の設定又は移転登記には，抵当権その他の権利の設定や，所有権の移転，処分の制限等の登記などが含まれる。

特別の事由については，施行地域内の一部の土地について権利関係が錯綜しており，これを整序することを待っていては，　の申請情報によることができず，他の部分の換地処分による登記そのものがいっそう遅延するという理由により，一部申請を認めた事例もある（昭42.10.7民三発660号民事局第三課長回答（土地改良））。

② 一部申請をする場合には，申請情報にその事由を記載し，かつ，これを証する情報を提供しなければならない（登記令10条3項）。ただし，その市町村又はその町若しくは字ごとに一の申請情報で申請するときは，その事

由を証する情報の添付は省略しても差し支えない（新土地改良様式第2(2)）。

この事由を証する情報（登記原因証明情報）には，抵当権設定契約書又は売買契約書等がある。これらの情報がない場合又はその他の特別の事由がある場合は，なんらかの公的な情報ということになるが，ない場合には，登記の申請者である施行者の代表者等が証明したもので都道府県知事等（又は下部機関の長）が確認したものでなければならない。

③　しかし，無制限にこのような分離した登記申請が行われると，登記事務が煩雑になるだけでなく，各権利者間に不公平を生ずるおそれがある。したがって，例えば，施行地区内の一部の土地について権利関係が錯綜している場合などに，一の申請情報によってしようとすると，他の部分の換地処分の登記そのものが遅れてしまうように特に必要な場合に限るべきである（昭42.10.7民事三発660号民事局第三課長回答，換地256）。

3:2:1:3　施行地域が２以上の登記の管轄区域にわたる場合

この場合には，換地処分による登記の申請は，各登記所の管轄に属する地域ごとに申請しなければならない（登記令10条4項）。

3:2:2　換地処分による登記の申請情報の内容

換地処分による登記の申請情報の内容としなければならない事項には，必ず記載しなければならない「一般的な事項」と，換地処分によって交付された土地について，従前地の権利関係から考慮しなければならないときに記載する「特殊な事項」がある。

申請情報の内容は，「規則13条別記様式第六の換地明細書」及び申請書通達中の「第２　換地処分による登記申請書の作成要領」により換地明細書等の作成要領別紙様式第一の換地明細書及び様式第二の地役権明細書に登様式第五号（登記申請書）の表紙を付して作成するものとされている（申請書通達第２の一(1)）。

したがって，換地明細書等の記載そのものが申請情報の内容の主要部分となるのである。その内容は，別記様式第六の備考のほか申請書通達中の「換地明細書等の作成要領」の「第一　換地明細書記載要領」及び「第二　地役権明細書記載要領」に説明がある（3：2：4，3：2：5）。

なお，換地処分の登記は，登記事項を自動編集するシステム（特殊登記対応システム）により運用されているので，申請情報に表題部全部の登記事項を入力したフロッピーディスク等を提出するように要請されることがあるので，登記所と入力の方式等について事前に協議することが求められる（換地258）。

3:2:2:1　一般的な事項

申請情報の内容とする一般的な事項（登記令10条，不登令3条，4条，不登規則34条1項）は，次のとおりである。

なお，本稿においては，不動産の表示をする場合，原則として，不動産番号欄の記載を省略する（2：2：3（注））。

a　申請人

申請人となる換地処分をした施行者の名称及び住所又は事務所（不登令3条1号）並びに申請人が法人である場合は，その代表者の氏名（同条2号）を記載する。

b　代理人

代理人の表示及び代理人が法人であるときは，代表者の氏名（同条3号）を記載する。

c　登記の目的

登記を申請する目的（同条5号）を記載する。

d　登記原因及びその日付

登記原因及びその日付の情報は，登記をするに至った事由を明らかにして，不動産の物理的状況の異動の経過を明確にするために記載する（同条6号）。

登記原因は「土地区画整理法による換地処分（以下「法による換地処分」と略記する。）」と記載し，登記原因の日付は「換地処分の効果が発生した日」を記載する。その日は，都道府県知事による公告のあった日の翌日であるから（法104条1項），「○年○月○日　法による換地処分」と記載する。

e　土地の表示

換地処分の登記は，換地が，従前地に照応して交付されるので，土地の表示に関する登記として取り扱われている（登記令4条1項「従前地及び換地についての事項」）。したがって，土地の申請情報として提供する不動産の表示（不登令3条7号）は，従前地の表示及びこれにに対応する換地の表示を記載する（登記令11条〜14条）。

従前地の表示と登記記録に記録されている土地の表示が一致しないと登記の申請は却下されるから（不登法25条6号），事前に所有者に代位して土地の表題登記又は表題部の変更更正登記を申請しておかなければならない（2：4：2，3）。

また，換地処分と並行して，地自法260条によって市町村の区域内の町又は字の区域等の変更が行われた場合，その処分の効果は，換地処分の効果と同時に発生するから（地自令179条），申請情報に記録する従前地の表示は，変更前の表示を記載し，換地の表示は，変更後の表示を記載する。

なお，換地処分の効果と市町村の区域内の町又は字の区域等の変更の効果は同時に発生するから，町又は字若しくはその名称の変更があった場合は，登記記録に変更登記があったものとみなされるので（不登規則92条1項後段），登記原因は記載しない。

f　換地の所有者

登記記録に記録されている表題部所有者又は所有権登記名義人が死亡し，換地処分によって土地を取得した者が相続人である場合，施行者は，換地の登記を申請するまでに土地の表題部所有者若しくは所有権の登記名義人に代位して，相続人を所有者とする所有権の保存登記又は所有権の移転登記をしておく必要がある（2：4：5，2：4：6）。

換地の所有者が2人以上であるときは，所有者ごとの持分を記載する（登記令4条1項2号）。

g　添付情報の表示

申請情報と共に提供している情報を明示するため「添付情報の表示」を記載する（同条2項，不登規則34条1項6号）。

h　登記完了証の交付

登記完了証の交付を送付によることを希望する場合には，電子申請又は書面申請のいずれの場合でも，その旨と送付先の住所を記載して求めることができる（不登規則182条2項）。

i　登記識別情報の通知

登記識別情報の通知を希望しないときは，その旨を記載する（不登法21条ただし書・不登規則64条1項1号）。

登記識別情報を記載した書面の交付を送付の方法によることを希望するときは，その旨等を記載する（不登規則63条3項）。

官庁又は公署が登記権利者のために登記の嘱託をしたときは，官庁又は公署の申出により，登記識別情報を記載した書面を交付する方法によりすることもできる。この場合，官庁又は公署は，その申出をする旨及び送付先の住所を記載する（同条の2第1項）。

j　申請年月日

申請情報を提供する日付を記載する（不登規則34条1項7号）。郵送によって申請をするときは，発送の年月日を記載する。

k　提出する登記所

申請する不動産の登記を管轄する登記所を記載する（同項8号）。

l　申請人の氏名及び住所

法人の場合は，主たる事務所の所在地及び名称（不登令3条1号），代表者の氏名を記載し（同条2号），代表者は，不登規則47条1項の場合を除き，記名押印をし（不登令16条1項），作成後3月以内の印鑑証明書を添付する（同条2項，3項）。

事業主体が官庁又は公署の場合は，その事業主体の官庁又は公署の名称及び不動産登記の嘱託指定職員としての職・氏名を記載し，職印を押印する。

m　申請人又は代理人の電話番号その他の連絡先

提出した登記申請情報に補正等があった場合に登記所の担当官からその旨の連絡を受ける担当者の氏名と電話番号等を記載する（不登規則34条1項1号）。

n　登録免許税

土地区画整理事業による登記を申請する場合は，登録免許税は課されないから,「登録免許税法第5条第6号」と記載する（不登規則189条2項）。

【換地明細書】　規則13条別記様式第六（一）

（一）換地明細（注）

<table>
<tr><th rowspan="3">所有者の住所及び氏名</th><th colspan="5">従前の土地</th><th colspan="8">換地処分後の土地</th><th rowspan="3">記事</th></tr>
<tr><th rowspan="2">所有権の登記の有無</th><th colspan="4">郡市　町村区</th><th rowspan="2">街区番号</th><th colspan="4">郡市　町村区</th><th colspan="3">所有権以外の権利又は処分の制限で既登記のもの</th></tr>
<tr><th>町又は字</th><th>地番</th><th>地目</th><th>地積</th><th>町又は字</th><th>地番</th><th>地目</th><th>地積</th><th>種別</th><th>部分</th><th>符号</th></tr>
<tr><td></td><td></td><td></td><td></td><td></td><td></td><td></td><td></td><td></td><td></td><td></td><td></td><td></td><td></td><td></td></tr>
</table>

（二）法89条の4により換地を定めない処分の明細（3：2：2：2）

（三）法91条3項による処分の明細（3：3：3：1）

（四）法93条による処分の明細（3：3：2：1）

（参考：換登様式第2号）

（注）　記載事項全部の説明については，3：2：4で詳述。

【参考10】　換地処分後の土地の「地目」の定め方

施行者は，換地処分後の公共用地及び保留地等についての土地の地目は，その事業目的に沿って施工・造成された相当な「地目」を設定している。ただし，それは，原則として，換地処分の登記によるのではなく，工事造成後の換地計画作成の段階で，登記令2条の代位登記で変更すべきであるとする考え方がある。

しかし，区画整理の工事は，事業計画等に定められた施行後の土地利用計画に基づき造成するのであるから，例えば，公園や道路として造成された箇所の底地部分の従前地の地目を換地処分後の地目に合わせて宅地とすることはできない。

そこで，施行者としては，換地計画作成の段階において登記官と調整し，換地処分の登記により地目変更ができるとの判断を得ておく必要がある。ただし，他の法令の関係で制限のある土地（農地，墓地等）については，関係官公署との調整も必要である（池田悠一・区画整理　2002年7月号39）。

なお，法2条6項は，公共施設供用地以外の土地をすべて「宅地」といっている【参考1】，（1：5：7：4）。

【参考11】　換地処分後の地番の付番の定め方

換地処分後の土地に地番を付番する場合は，地番区域内の土地の全部を同地区に編入したときは1番から起番する。地番区域内の土地の一部を同地区に編入した場合は，その地区内における従前の地番中首位のものから順次付番する（一般的取扱いである。登記研究848-136）。

3:2:2:2　換地を定めない場合

次の場合には，換地を定めないことがある。

a　宅地所有者の申出又は同意がある場合（法90条）

b　共有換地とする場合（法89条の4，法91条3項，大都市法16条）

c　過小宅地について土地区画整理審議会の同意があった場合（法91条2項，4項）

d　立体換地において宅地所有者から金銭清算の申出がある場合（法93条3項）

e　公共施設の用に供している宅地上の施設が廃止される場合（法95条6項）

これらの場合において換地を定めないときは，換地明細書の「換地」欄には記載しないで，「記事」欄にaについては，「法90条により金銭清算・法第104条第1項の規定により消滅」，eについては，「法第95条第6項の規定により金銭清算・法第104条第１項の規定により消滅」などと記載する（3：4：5）。

【換地明細書】　規則13条別記様式第六（二）

（二）法第89条の４の規定により換地を定めない処分の明細

イ　従前の土地及び借地権

所有権又は借地権の登記の有無	土地の表示	土地について存する権利の種別	権利者の住所及び氏名	摘要

ロ　換地処分後の換地

表題登記又は所有権の登記の有無	土地の表示	所有者の住所及び氏名	持分	摘要	登記の順位番号

3:2:2:3　既登記の地役権が存続する場合

地役権は，換地処分後に換地に移行するとは限らない。従前地に存続したままの場合と必要がなくなって消滅する場合がある（法104条４項，５項）（注）。

既登記の地役権が存続する場合（3：5：3以下）は，従前地（換地の底地）の登記記録から換地の登記記録に登記を移記する（登記規則６条２項前段）。

この規定によって既登記の地役権が存続する場合の申請情報の内容は，不登令３条各号に掲げる事項のほか，次の事項である。

a　換地の所有者の表示（登記令４条１項１号）

b　換地の所有者が２人以上であるときは，所有者ごとの持分（同項２号）

c　地役権の存続すべき土地の表示（登記令５条１項１号，２号）

d　土地の所有者の表示（同項３号）

e　地役権の範囲が，換地の一部であるときはその範囲（同項４号）及び地役権図面（同条２項）

（注）　通行地役権（特に袋地）については，消滅させるのが通常である。送電線に

ついては該当する場合が多いであろう（3：5：1：1）。

3:2:2:4　既登記の権利等が換地の全部又は一部に存続する場合

換地を定める場合，従前地に「所有権及び地役権以外の権利」又は「処分の制限」の目的となるべき宅地又はその部分を定めなければならない（法89条2項）。

3:2:2:4:1　所有権及び地役権以外の権利

① 所有権及び地役権以外の権利とは，不登法3条で規定している権利（地上権，永小作権，先取特権，質権，抵当権，賃借権）のほか，同法105条によって登記をした仮登記（昭34.9.12民事甲2044号民事局長通達（土地改良））及び買戻しの特約をいう。

② 「処分の制限」（不登法3条）とは，権利の処分が法律により制限されることである。共有物の分割をしない特約等で登記のあるもの（民法256条1項ただし書），その登記は不登法59条6号。永小作権の譲渡・賃貸の禁止（民法272条ただし書，その登記は不登法79条3号）など（大場485，576）のほか，差押え（民執法）及び仮差押えや処分禁止の仮処分（民保法）がある。

③ 従前地の全部又は一部について，「所有権及び地役権以外の権利」又は「処分の制限」の登記があって，その権利等が照応する換地に存続する場合は，換地処分の効果が生じたときに指定された土地又はその部分とみなされる（法104条2項前段）。

この規定の適用を「所有権及び地役権以外の権利」に限定しているのは，換地を定める場合（法89条2項）において，換地計画でその目的となるべき宅地又はその部分を定めなければならないこととされる権利のみを対象とするためである。法（104条）は，所有権については第1項で，地役権については第4項が規定している。

④ 地役権は，その性質からみて，他の権利と同様に換地の上に存続するとはいえない。事業施行の結果，必要がなくなって消滅するか，従前地（底地）の上に存続するかのいずれかである（法104条4項）。しかし，地役権が要役地地役権である場合については，1筆の土地の一部に存在すること

はあり得ない（不登法41条6号）から，「所有権及び地役権以外の権利」の登記に当たるものとして，換地計画において要役地地役権がなお存続すべき宅地又はその部分の指定をしなければならない（登記令6条）。すなわち，法104条2項の趣旨から除外されるのは，承役地地役権の場合に限るのである（3：2：2：5）。

3:2:2:4:2　権利等の記載

これにより，既登記の権利等が換地を受けた土地の全部若しくは一部に存続する場合は，「従前地」と従前地に照応する「換地」の不動産の表示を記載した上で，その権利等が，換地を受けた土地の全部若しくは一部に存続する情報を「所有権以外の権利又は処分の制限」欄に「どのような権利」が，「どの部分」に換地の所在図の「どこに」存しているかを「符号」で関連付けて記載する（登記令6条）。

a　換地として交付された土地の一部に権利等の登記がある場合は，1筆の土地の一部にこれらの権利が存する旨の登記をすることはできないから，指定された部分とそうでない部分を区別して登記をすることになり，その部分の符号（不登準則51条各項）を記載しなければならない。

b　その部分の符号は，申請情報の添付情報として提供される換地処分後の土地の所在図（登記令4条2項3号）に指定部分の位置を関連付けるための情報となる。

c　土地所在図を書面で提供する場合は，その権利の及ぶ部分と及ばない部分について点線で表示し，符号を付して位置を明らかにする。

登記官は，その権利の及ぶ部分と及ばない部分に分けて各1筆の土地として登記をするので，それぞれの部分に地番を付して別筆の土地とし，点線を実線に書き改め，登記記録に合致した所在図に修正する。

3:2:2:4:3　合筆登記の制限

換地として交付された土地の一部に権利等の登記がある場合において，数筆の土地に照応して1筆の土地を換地として交付するという「合併型換地」（3：4：2）で，従前地の1筆については，権利等の登記がされていて，他の

１筆の土地については，権利等の登記がされていないということがある。土地区画整理法による手続では，有効な処分であるが，不登法41条６号（合筆登記の禁止）の特例（不登規則105条１号・承役地についてする地役権の登記はすることができる。）によっても合筆登記は制限を受け，不登法では合筆の換地の処分は認められない。

このように，２筆の土地について合併の要件を備えていない場合は，合筆登記はできないので，登記官は，合筆換地を認めないで，１筆型の換地が交付されたものとして処分することになる（2：3：3，3：5：3）(注)。

(注)　土地改良の実施要領（3：2：4 d）には，「所有権及び地役権以外の既登記の権利又は既登記の処分の制限のある従前の土地については，他の従前の土地とあわせて１筆に換地を定めないこととし，換地処分登記が円滑に行われるよう配慮すること。ただし，同日付けで設定された同一内容の抵当権の共同担保となっている２筆以上の土地を１筆に換地に定めることは差し支えない。」とある（換地計画実施要領第２の５(5)アイ）

3:2:2:4:4　申請情報の内容

この規定によって，換地処分による登記をする場合の申請情報の内容は，次の事項である（登記令６条）。

a　不登令３条各号に掲げる事項

b　登記令４条１項各号に掲げる事項

c　従前地とみなされた土地又はその部分（１号）

d　土地の部分がみなされたときは，その部分を特定するために付した符号（２号）

これらの情報は，規則13条別記様式第六「換地明細書」（3：2：2：1，3：2：4参照）を用いて記載する。

この中で「換地」に掲げる「所有権以外の権利又は処分の制限」で既登記のものの「種別」，換地の上に存続することになる「部分」及び「符号」を記載する（換地明細書等の作成要領第一の九）。

e　種別欄

従前地に記録があり，換地に存続することになる担保権としての「先取特権，質権，抵当権」，用益権としての「地上権，永小作権」及び「賃借権」と処分の制限の登記としての「差押え，仮差押え，仮処分，競売の申立て」のほか，不登法105条各号に基づいて登記をした「仮登記及び買戻しの特約」等を記載する（3：2：2：4：1）。

f　部分欄

種別欄に記録した情報が，換地として交付される土地の「全部」か「一部」かを記載する。この情報が，「一部」の場合には，換地によって交付された土地については，併せて，その換地として交付された換地の地積を記載する。

g　符号欄

換地の所在図に記録する符号については，換地の所在図には，換地ごとに筆界が記録されて地番が記録されていることから，その筆界の中で適宜の方法で判別できる符号を用いて記載して差し支えない。

3:2:2:5　要役地地役権の登記がある場合

換地として交付を受けた土地の一部の上に地役権の承役地（便益に供される土地）が存続するように定められたとしても，承役地地役権は，1筆の換地として交付を受けた土地の一部の上にも存続するので問題はない。しかし，換地を受けた土地の一部に要役地（便益を受ける土地）としての地役権が存続する場合には，問題がある。要役地地役権は，1筆の土地の一部の上に生ずることはあり得ないからである。

このような場合は，法89条2項を適用して，地役権の要役地となる土地とならない土地に分けて換地の表示をする必要がある（3：2：2：4：1）。この記載に基づいてその部分ごとに別個の換地とみなして登記手続をする（登記令12条，分筆手続については2：3：2：1：2，地役権の処理手続については3：5：5参照）。

【換地明細書】（抄）記事欄

• 地役権が存続しない部分について「何番地役権・法第104条第5項の規定により消滅」

3:2:2:6 既登記の権利が消滅した場合

3:2:2:6:1 既登記の権利が消滅する場合

① 施行者から換地処分をした旨の届出を受けた都道府県知事が換地処分をした旨の公告（法103条4項）をしたときには，換地計画において「換地を定めなかった」従前地について存在していた権利は，その公告のあった日が終了した時に消滅する（法104条1項）。

「換地を定めなかった」とは，所有者の同意により換地を定めなかった場合（法90条），過小宅地（借地）の不換地（法91条3項，92条3項），又は公共施設の用に供している宅地の不交付（法95条6項）により，換地自体が定められなかったことと解する。ただし，従前地に存在していた地役権は，その性質上特定の土地に専属するものであるから，換地処分公告後も従前地の上に存在する（法104条4項）。

② 土地区画整理事業の結果，排水設備が改善され，道路も整備されると，通行地役権などは，行使する利益はなくなり，換地処分の公告のあった日が終了した時に消滅する（同条5項）。

③ 換地計画によって従前地に登記してあった所有権以外の権利が，換地について目的となるべき宅地の部分を定められなかった権利は，その公告のあった日が終了した時に消滅する（同条2項後段）。例えば，著しく過小な宅地のために借地権の目的である宅地を定めることが適当でない場合（法92条3項）や立体換地において借地権者から金銭精算の申出がある場合（法93条3項）である。

1筆の従前地について1筆の換地が指定されたときは，法104条2項後段の適用はなく，1項前段の換地は，従前の宅地とみなされることにより，従前の宅地に存在した未登記賃借権は，権利申告（法85条）がされていないときでも，換地上に移行して存続すると解すべきである（最一小判

昭52.１.20民集31-１-１，判時848-63）

④　換地を「宅地以外の土地に定めた場合」すなわち「公共施設用地に定めた場合」（法２条６項）は，その土地について存在した従前の権利は，その公告のあった日が終了した時に消滅する（法105条２項）。

3:2:2:6:2　申請情報の内容

これらの規定によって，消滅した既登記の権利がある場合の登記の申請情報には，次の事項を記載しなければならない（登記令７条１項）。

a　不登令３条各号に掲げる事項

b　換地の所有者の表示（登記令４条１項１号）

c　換地の所有者が２人以上であるときは，所有者ごとの持分（同項２号）

d　法104条１項，２項若しくは５項又は105条２項の規定によってその権利が消滅した旨

なお，登記官は，この申請に基づいて登記をするときは，職権で，その権利が消滅した旨を登記しなければならない（同条２項）。

【換地明細書】（抄）記事欄

- 権利消滅「何番賃借権・法第92条第３項の規定により金銭精算・法第104条第２項の規定により消滅」
- 地役権消滅「法第104条第５項の規定により消滅」

3:2:2:7　従前地の１筆について所有権の登記がない場合

不登法（41条５号）は，「所有権の登記がない土地と所有権の登記がある土地との合筆の登記」を認めていないが，合併型換地（３：４：２）で，従前地の１筆に所有権の登記がない場合の換地処分による登記については，特例として認めている（登記令８条１項）。既登記の地役権が存続すべき換地について，所有権の登記がないときも同様である（同条２項）。

これらの場合は，換地処分による登記の申請情報の内容は，のほか，次のとおりである。

a　不登令３条各号に掲げる事項

b　同令４条１項各号に掲げる事項

c　換地の所有者の表示（登記令４条１項１号）

d　換地の所有者が２人以上であるときは，所有者ごとの持分（同項２号）

e　所有権のない土地については，所有権の登記がない旨

なお，所有権の登記のない従前地に照応して換地が定められた場合において，換地の上に既登記の地役権が存続すべきときは，登記官は，職権で，土地の表題部所有者を登記名義人とする所有権の保存登記をした上で，地役権が存続する旨を記録しなければならない（登記令13条）。

【換地明細書】（抄）所有権登記の有無の欄

- 「無」

3:2:2:8　換地を宅地以外の土地に定めた場合

3:2:2:8:1　公共施設供用地の帰属

① 換地計画において，換地を「宅地以外の土地」（公共施設の用に供されている国又は地方公共団体の所有する土地（公共施設供用地）・法２条６項，令67条）に定めたことにより，従前地にある公共施設が廃止される場合，これに代わるべき公共施設供用地は，廃止される公共施設供用地が国の所有であるときは国に，地方公共団体の所有する土地であるときは地方公共団体に，換地処分の公告のあった日の翌日にそれぞれ帰属する（法105条１項，1：9：5）。

② 土地区画整理事業の施行により新たに生じた公共施設供用地は，法105条1項に該当する場合を除き，換地処分の公告の日の翌日に，その公共施設を管理すべき者が主務大臣の場合は国に，都道府県知事又は市町村長である場合は，都道府県又は市町村に帰属する（同条３項）。

③ 個人，組合又は区画整理会社が施行者の場合は，公共施設及びその用地の施行地区への編入について公共施設の管理者の承認を得なければならず

（法7条，法17条，法51条の5），事業完了に伴い，施行後の公共施設の移管及びその用地の帰属が行われる。

④　その他の施行者の場合は，事業計画に基づき，管理者と協議しながら，公共施設の整備改善及び施行後の公共施設の移管並びにその用地の帰属が行われる。

⑤　二線引国有畦畔等は，公共施設供用地として取り扱うものと，宅地として取り扱うものがある（「土地区画整理事業の施行地区内に所在する二線引国有畦畔等の取扱いについて」（昭50．3．31建都区発17号建設省都市局区画整理課長通達）。

【換地明細書】（抄）所有権登記の有無の欄

a	従前の公共施設用地（従前の土地）	法第105条第2項の規定により消滅
b	代替的公共施設用地（換地処分後の土地）	法第105条第1項の規定により帰属
c	新設公共施設用地（換地処分後の土地）	法第105条第3項の規定により帰属

3:2:2:8:2　消滅する公共施設供用地についての権利

①　公共施設供用地について存在する従前の権利は，地役権を除いて，すべて消滅する（法105条2項）。宅地以外の土地については，換地が定められることがないので（法86条1項），法104条によって従前地の権利が移動し，又は消滅することはない。そこで，従前地上の権利が消滅するようにしておかないと，同一の土地の上に従前地上の権利と換地上の権利が存在することになってしまうため，2項の規定が置かれたのである。

しかし，このように処理されることについては問題がない訳でもない。すなわち，「換地を宅地以外の土地に定めた場合」とは，換地を従前の公共用地に定めた場合であり，従前の公共用地に施行後の公共用地を定めた場合は，従前の公共施設は廃止されず，その公共用地について存する権利は消滅しないことになる。

したがって，施行の前後の公共施設供用地の範囲がすべて一致する場合，その公共施設供用地は，消滅も帰属もしないものと解される。

② 従前の公共施設供用地の一部に施行後の公共施設供用地の一部が定められる場合は，消滅する土地又は帰属する土地の範囲及び地積の測定が困難となる。さらに，公共施設供用地に，換地でない保留地等が定められた場合はどう取り扱うべきか問題が残る。

そこで，実務上は，従前の公共施設供用地の権利は，法105条2項により，消滅する方法が採用されているものと思われる。この方法によるときは，同条1項による帰属方法を含めて，管理者と十分な協議を行う必要がある。

3:2:2:9　保留地等がある場合

創設換地（法95条3項），参加組合員が取得する土地（法95条の2）及びその他（法96条1項，2項，大都市法21条1項，地方拠点法28条1項，被災法17条1項，中心市街地活性化法16条1項，移動円滑化法39条1項等）の規定による保留地（1:7:7）又は公共施設供用地（法105条1項，3項）がある場合は，次の事項を記載する（登記令9条1項）。

a　不登令3条各号に掲げる事項

b　換地の所有者の表示（登記令4条1項1号）

c　換地の所有者が2人以上であるときは，所有者ごとの持分（同項2号）

また，これらの土地の上に既登記の地役権が存続すべき場合は，地役権図面を提供しなければならない（登記令9条2項；5条2項）。

【換地明細書】（抄）従前地欄

- 照応すべき従前地は存在しないので記載しない。

3:2:3　換地処分による登記の添付情報

換地処分による登記の申請情報に併せて次の添付情報を提供する（登記令4条2項）。この情報は，申請情報の内容として記載する（不登規則34条1項6号）。添付情報を提供しない場合，登記の申請は却下される（不登法25条9号）。

3:2:3:1　換地処分公告証明情報

国土交通大臣又は都道府県知事は，換地処分があった旨の公告をし（法103条4項），施行者は，その旨を管轄登記所に通知しなければならない（法107条1項）。したがって，その情報は，換地処分による登記の申請情報の添付情報としては，既に提供されているから（登記令4条3項），「換地処分公告証明情報（添付省略）」と記載する。

3:2:3:2　換地計画証明情報

換地計画を証する情報（登記令4条2項1号）が，その事業の不動産の登記を管轄する登記所に既に通知されている場合は，換地処分による登記の申請情報の添付情報は，申請情報と併せて提供された情報とみなす（同条3項）とされているから，「換地計画証明情報（添付省略）」と記載する。

換地計画証明情報は，次のとおりである。

a　換地設計（法87条1項1号）

　　換地図を作成して定める（規則12条1項，その内容は同2項）。

b　換地計画認可書の謄本（法86条1項後段）

c　各筆換地明細（法87条1項2号，その様式は規則13条別記様式第六）

d　各筆各権利別清算金明細（同項3号，その様式は規則14条別記様式第七）

e　保留地その他の特別の定めをする土地の明細（同項4号）

3:2:3:3　換地処分後の土地の全部についての所在図（換地図）

換地処分後の土地の全部についての所在図（登記令4条2項3号）は，換地計画において換地設計のために作成した換地図を，換地処分後の図面（「所在図」）として提供する。(注)

登記所は，この所在図について，登記が完了した後に地図として備え付けることを不適当とする特別の事情がない限り，不登法14条の地図として備え付ける（不登規則10条6項・5項）。

所在図は，不登規則10条及び不登準則12条別記第11号様式により，適宜の一部（1ブロック又は数ブロック）ごとに，正確な測量及び成果に基づいて作成し，次に掲げる土地の位置及び形状を明確に表示しなければならず，また，事業施行後における町又は字の区域及び各筆の土地ごとの予定地番を記入したものでなければならない（規則12条2項各号）。

所在図は，磁気ディスクその他の電磁的記録に記録する。ただし，電磁的に記録できないときは，ポリエステル，フィルム等を用いて作成することができる（不登準則12条1項）。

なお，この図面は，換地処分の登記が完了した後に不登法14条1項の地図として備え付けることができる。

a　従前地及び換地（1号）

従前地について所有権及び地役権以外の権利又は処分の制限がある場合は，これらの権利又は処分の制限の目的となっている宅地又はその部分及び換地について定めたこれらの権利又は処分の制限の目的となるべき宅地又はその部分を含む。

b　保留地（2号）

c　高度利用推進区の土地又は過小宅地の共有持分を与えるように定める場合（法89条の4又は法91条3項）におけるその土地（3号）

d　建築物の一部及びその建築物の存する土地の共有持分を与えるように定める場合（法93条1項，2項，4項，5項）の建築物の存する土地（4号）

e　換地計画において施行地区内の土地を参加組合員に対して与えるべき宅地として定める場合（法95条の2）の宅地（5号）

（注）不登規則73条1項（80条1項で準用する場合を含む。）に規定する電子申請における土地所在図，地積測量図，建物図面及び各階平面図並びに地役権図面（以下「土地所在図等」という。）は，「図面情報ファイルの仕様」に従って作成し，これに当該土地所在図等の作成者が電子署名を行わなければならない。この場合に使用すべき電子証明書は，規則43条2項の電子証明書でなければならない（法務省ホームページ）。

3:2:3:4　各筆換地明細等

各筆換地明細（法87条1項2号）及び保留地その他の特別の定めをする土地の明細（同条4号）に掲げる事項は，従前地と換地との対応関係を示すものとして，規則13条別記様式第六（3：2：2：1末尾）により定めなければならない。

3:2:3:5　地役権図面

地役権設定の範囲が換地の一部であるときは，その範囲を示す「地役権図面」（登記令5条2項・1項4号，9条2項・5条，新土地改良様式第2の2(3)）を提供する。地役権が換地あるいは保留地等（1筆）の全部に存続するときは，必要でない。

この地役権図面は，地役権設定の範囲を明確にし，方位，縮尺（適宜の縮尺），地番及び隣地の地番並びに申請人の氏名又は名称及び作成の年月日を記載しなければならない（不登規則79条）。

a　書面申請により提出する地役権図面には，地役権者の氏名又は名称を記録しなければならないが，地役権者の署名及び記名押印は必要ない（登記規則2条4項）。図面は，不登規則80条別記第3号様式により，日本工業規格B列4番の丈夫な用紙を用いて作成し（不登規則80条2項），0.2ミリメートル以下の細線により，図形を鮮明に表示しなければならない（不登規則80条1項・74条1項）。

b　電子申請によって作成する地役権図面については，3：2：3：3（注）を参照。

3:2:3:6　資格証明情報

組合又は個人が施行者であることを証明する情報（代位登記2：2：4で提供済みであれば不要）及び法人等の代表者が登記の申請をする場合は，会社法人等番号又は資格証明情報を提供する（不登令7条1項1号イ，ロ）。

3：2：4　換地明細書

換地処分による登記の申請情報（3：2：2）は，事業の施行に係る区域内にある土地で登記すべきものの全部について，一の申請情報でしなければならない（登記令10条1項）。

そこで，事業の施行に係る地域内の土地について，換地を受けた所有者ごとに，換地を受けた土地を基準に従前地の情報と換地を受けた土地の情報を

「換地明細書」（3：2：2：1末尾）に記載する。

換地明細書の記載方法については，

a　規則13条別記様式第六の備考（以下「備考」という。）

b　昭和31年（昭和41年改正）の「申請書通達」中の「換地明細書等の作成要領　第一　換地明細書記載要領及び様式第1　換地明細書」

があるのみである。

しかし，土地改良法に関しては，

c　「新土地改良様式」において，「各筆換地等明細書」（換登様式第2号）

d　土地改良法施行規則第43条の5の別記様式第四号（換登様式第2号の備考）及び「換地計画実施要領」（昭49.7.12・49構改B 1232号（最終改正平17.3.24・16農振2137号））中の「各筆換地等明細書の記載例説明」1の(1)　所有権に関する明細（以下「換地計画実施要領の記載例説明」という。）

により，その要領が示されているので，必要に応じて，これらも参考として説明する。

3:2:4:1　所有者の表示

所有者の住所及び氏名（又は名称）欄には，換地の交付を受けた登記記録上の所有権の登記名義人若しくは表題部所有者の表示を記載する（登記令4条1項1号）。所有者が法人であるときは，その名称及び主事務所の所在地を記載する（備考1）。換地を受けた者が共有で取得したときは，その所有権の登記名義人又は表題部所有者となる者ごとの持分も記載する（同項2号）。

この欄に連記できないときは，筆頭者の住所氏名を記載して「ほか何名共有」とし，他の者については，「別紙」に記載する（d「換地計画実施要領の記載例説明」A細部記載要領a（以下「要領a」などという。））。

3:2:4:2　従前の土地

従前の土地（従前地）欄には，従前地の情報に対応して記載する。1筆対1筆の換地の場合には，従前地の1筆の土地の登記記録に記録されている土地の表示に関する情報に対して，換地の交付を受けた1筆の土地の表示の情報を記載する。合併換地の場合には，合併される従前地の1筆ごとに土地の表示に関する情報を記載し，この情報に対して，換地の交付を受けた１筆の土地の表示に関する情報を記載する。

a　所有権の登記の有無

換地処分をする従前地について，所有権の登記がされていないときは「未登記」と記載し，所有権の登記があるときは，空欄とする（要領ｂ）。

b　郡市町村区（区町丁目）

登記記録に記録されている行政区画の名称を記載する。郡市町村区（区町丁目）の符号をあらかじめ印刷しているときは，該当しないものを抹消する（要領ｃ）。（注）

町又は字の名称が上欄の記載と同じときは，「同」と記載する（要領ｃ）。

c　地番，地目及び地積の表示

登記記録に記録されている地番，地目及び地積を記載する。登記記録の地目の表示が基礎調査の結果と異なるときは，基礎調査によって判定された現況の「用途」の欄に記載する（要領ｅ）。

また，登記記録に記録されている地積の表示が現況と異なるときは，「地積」の欄に登記記録に記録されている地積を黒書し，その下に実測の地積を朱書する（要領ｄ）。

（注）　ｂの土地の表示について，ⓐ様式第六の換地明細書は「郡市町村区」とし，ⓑ換地明細書等の作成要領様式第一は「区町丁」とし，不登法34条１項は「市区郡町村字」と表記している。そこで，換地明細書等の土地の表示については，便宜，「市区町村字」と表記する。

3:2:4:3　換地処分後の土地

a　街区番号

換地図に記載の街区番号を記載する（備考３）。

b　市区町村及び町又は字名

換地として交付された土地の表示に関する登記情報のうち行政区画の名称の情報を記載する。市区町村（及び町又は字名）の符号をあらかじめ印刷してあるときは，該当しないものを抹消する（要領c）。

換地として交付された土地の表示のうち町又は字の名称を記載する。町又は字の名称が上欄の記載と同じであるときは，「同」と記載する（要領c）。

c　地番，地目及び地積

換地として交付される土地の表示のうち地番，地目及び地積を記載する。換地を定めないときは，空欄にしておく。

d　所有権以外の権利又は処分の制限で既登記のもの

換地について，従前地の全部又は一部に存在していた所有権以外の権利又は処分の制限の目的となる土地又はその他の部分が定められたときは，その情報を記載する。

- 種別

従前地の全部又は一部について存在していた所有権以外の権利又は処分の制限の種別及びその権利が記録されているときは，その旨及び順位番号を記載する（備考5）。

- 部分

従前地の一部について所有権以外の権利又は処分の制限が存在していたときは，その権利又は処分の制限の及ぶ位置及び地積を記載する（備考5）。

- 符号

従前地の一部について所有権以外の権利又は処分の制限が存在していたときは，その権利又は処分の制限の及ぶ部分を示している土地所在図に表示する符号を記載する。

e　地役権の場合

部分及び符号の各欄を空欄とし，記事欄に「地役権明細書のとおり」（申請情報においてその内容を明らかにした旨）と記載する（備考5なお書）。

3:2:4:4　記事欄

従前地又は換地処分後の土地について，次の場合には，それぞれの旨及びその事項に関する換地処分の効果等について記載する（備考6）。

a　住宅先行建設区（法89条の2），市街地再開発事業区（同条の3）又は高度利用推進区（同条の4）により換地を定めるとき。

b　換地を定めないとき（同条の4・別記様式第六（二）・3：2：2：2，法90条，法91条3項・別記様式第六（三），4項，法95条6項）又は金銭により精算するとき（法93条3項）。

- 法90条により従前地に対して換地を定めないときは「法第90条の規定により金銭精算・法第104条第1項の規定により消滅」と記載する（要領10イ）。
- 法91条3項により従前地に対して換地を定めないとき（3：3：3：4）は「法第91条第3項の規定により金銭精算・法第104条第1項の規定により消滅」と記載する（要領10ロ）。

c　法92条3項により従前地に存する借地権の目的である宅地又はその部分を定めないときは「法第92条第3項の規定により金銭精算・法第104条第2項の規定により消滅」と記載する（要領10ハ）。

d　法91条1項若しくは4項又は法92条1項若しくは4項により換地を定めたときは「宅地地積の適正化」又は「借地地積の適正化」と記載する（要領10ホ）。

e　法95条1項により換地を定めたときは「法第95条第1項の規定による特別処分」と記載する（要領10ヘ）。

f　法95条3項により換地とみなされる宅地を定めたときは「法第95条第3項の規定による創設換地」と記載する（要領10ト）。

g　定款で参加組合員に与えられるように定められている宅地は，その土地をその参加組合員に対して与えるべき宅地として定めなければならない（法95条の2）。

h　法96条1項又は2項により保留地を定めたときは「法第96条第1項（又は2項）の規定による保留地」と記載する（要領10チ）。

i　法104条5項により地役権が消滅したときは「何番地役権法第104条

第５項の規定により消滅」と記載する（要領 10 ヌ）。

j　法 105 条１項又は３項により権利の帰属が定められたときは「法第 105 条第１項（又は第３項）の規定により所有権帰属」と記載する（要領 10 リ）。

k　法 105 条２項により従前の権利が消滅するときは「法第 105 条の規定により消滅」と記載する（要領 10 ニ）。

3:2:4:5　高度利用推進区

高度利用推進区について換地を定めないとき（法 89 条の４・別記様式第六（二））は，備考７ないし 13 により記載する。

3:2:4:6　土地の共有持分

土地の共有持分を与えるとき（法 91 条３項・別記様式第六（三））は，備考 12 及び 13 により記載する。

3:2:4:7　宅地の立体化

宅地の立体化（立体換地，1:7:1）のとき（法 93 条・別記様式第六（四））は，備考 14 ないし 21 により記載する。

このほか，宅地の立体換地については，上記ⓑの「換地明細書等の作成要領第三　法 93 条の規定による処分調書作成及び記載要領」がある（3:3:2:1）。

3:2:5　地役権明細書

【地役権明細書】　換地明細書等の作成要領様式第２

地　役　権　明　細　書

地役権の存続する換地									地役権の存していた土地					
図面番号	順位番号	区 町丁名	地番	地目	地積	承役地要役地の別	部分	符号	順位番号	区 町丁名	地番	地目	地積	所有者の住所及び氏名

（参考：換登様式第３号）

換地処分による登記の申請情報として地役権についての情報を提供しなければならないときは，換地明細書に記載するほか「地役権明細書」にも記載するか，記事欄に登記令５条の申請情報においてその内容を明らかにした旨を記載する（備考５なお書）。(注)

① 換地処分による従前地に存在している地役権についての換地に及ぼす効果は，他の権利と異なっている。すなわち，地役権を除く他の権利についての換地処分の効果は，換地計画に基づく工事が完了した後に換地処分をした旨の公告によって，公告のあった日の翌日からその換地計画に定めた従前地に代わって交付された換地が従前地とみされる（法104条１項）。したがって，従前地に存在する所有権及び地役権以外の権利又は処分の制限についても換地の目的の土地に存在するとみなされる（同条２項）。

② 換地計画に係る土地の上に存する地役権の効力は，換地処分をした旨の公告をしても，換地に移行するのではなく，従前地の上（以下「(換地の）底地」という。）に存続する（同条４項）。ただし，事業によって行使する利益がなくなった地役権は消滅する（同条５項）。

③ このように，従前地に設定されていた地役権は，事業によって「底地」に存続することの可否を判断することになる。したがって，地役権が存続する場合の地役権の範囲については，「底地」に存在していた範囲を基準として，換地計画による「換地」を重ね合わせて判断することになる。すなわち，換地処分をした後にも地役権が存続するときは，「底地」の１筆を基準として換地計画図と重ね合わせて，「換地」として交付されたどの土地に及ぶか確認する必要がある。

④ 「底地」の地役権が「換地」に存続すべき場合は，そのことを登記記録として公示する必要があるから，申請情報の内容としてその旨の記載をしなければならない（登記令５条）。

⑤ 「地役権明細書」に記載すべき情報は，換地処分をする前の土地（「(換地の）底地」）に存続していた地役権が，その土地を換地として交付を受けた土地に及ぶという場合の情報である。この情報は，その土地を換地として交付された土地に移記をする必要がある。

そこで，登記するための情報として，地役権の存続すべき換地と事業の施行前において地役権の存在していた土地について，次の情報を記載する（登記令５条１項）。保留地等が地役権の上に既登記の地役権が存続すべき場合も同様である（登記令９条２項・５条）。

（注）　換地に地役権が存続する場合の申請情報への提供方法については，

a　「申請書通達９」（昭 31．9．25 民事甲 2206 号）

b　「換地明細書等の作成要領」第二　地役権明細書記載要領」及びその「様式第２『地役権明細書』」（昭 31・昭 41 改正）

を根拠とし，

c　「新土地改良様式第２の１⑵エ　換登様式第３号」

d　「図面の作成方法」不動産登記規則第 73 条第１項の規定により法務大臣が定める土地所在図等の作成方法（法務省ホームページ）

を参考として説明する。

なお，地役権明細書の様式は，規則 13 条別記様式（第六）としては示されていない。

3:2:5:1　地役権の存続する換地欄

a　図面番号

承役地についての地役権図面番号を記載する。

b　順位番号

地役権の存在していた土地を記載する場合にその土地に存在した地役権の登記の順位番号を記載する。

c　市区町村字及び地番

d　地目及び地積

e　要役地・承役地の別

f　地役権の部分

地役権の範囲が換地の一部であるときは，地役権設定の範囲を記載し（登記令５条１項４号），地役権図面を併せて提供する（同条２項）。

g　符号

なお，「地役権の部分」として記載する地役権の部分が，承役地としての地役権の場合には，１筆の土地の一部に存続することがあるので，「地役権の部分」として「一部」ということもあり得る。しかし，要役地としての地役権の場合は，１筆の土地の一部に存続することはないので，「地役権の部分」として「一部」ということはあり得ない（不登法41条６号）。この場合「地役権」は，承役地としての地役権のみを規定していると解して，「全部」に及ぶということになる（注）。

（注） 従前地に存している地役権には，「承役地としての地役権」と「要役地としての地役権」がある。これらの地役権は，従前地に残存することになるので，換地処分をした１筆の土地（区画）の一部に該当することがある。

すなわち，「従前の宅地について所有権及び地役権以外の権利又は処分の制限があるときは，その換地についてこれらの権利又は処分の制限の目的となるべき宅地又はその部分を」これに照応するように定めなければならない（法89条２項）が，「要役地としての地役権」については１筆の土地の一部に残存することはあり得ない。したがって，ここでいう地役権は，承役地地役権を指していると解釈せざるを得ないということである。法104条２項によって除外されるのは，承役地地役権の場合に限られるのである。

そこで，「要役地としての地役権」については，１筆の土地の「一部」に残存するのではなく，「全部」に及ぶように記録することになる。

3:2:5:2 地役権の存在していた土地欄

a 順位番号

b 市区町村字及び地番

c 地目及び地積

d 所有者の住所及び氏名

3:2:5:3 地役権の登記を移記する土地について所有権の登記がない場合

換地計画によって地役権の存続する土地を換地計画によって交付を受けた土地について所有権の登記がない場合は，地役権の登記を移記する前提の登記として，登記官は，職権で，その土地の表題部所有者を登記名義人として所有権の保存登記をしなければならない（登記令13条）。そこで，この場合の申請情報には，その土地に所有権の登記がない旨を記載する。

【地役権図面】（図面の作成方法第３・別記様式第２）

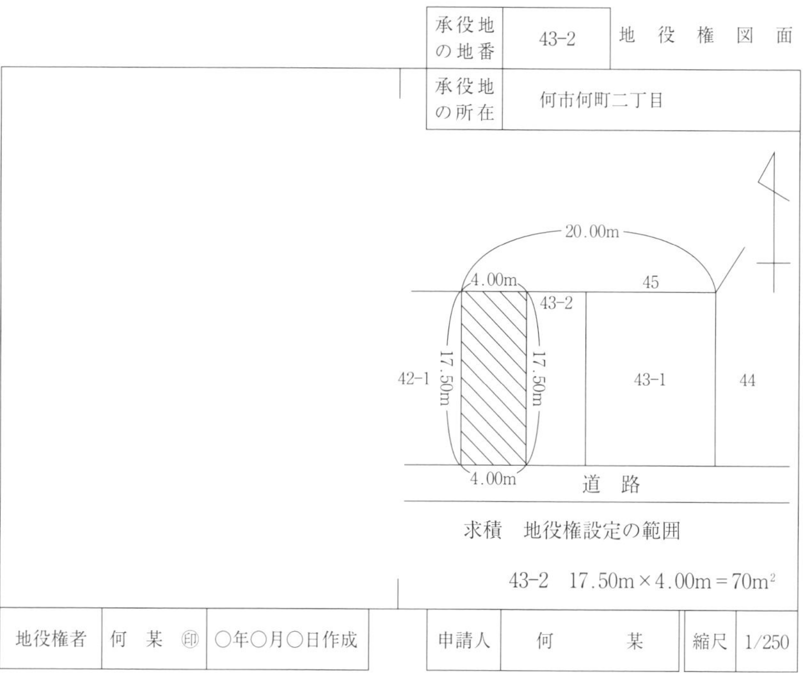

【様式９】　換地処分による登記申請書（抄）（換登様式第１号）

登　記　申　請　書

別紙（換地明細書，地役権明細書）のとおり申請する。

登記原因及びその日付　○年○月○日土地区画整理法の換地処分

添付情報　　換地計画証明情報（添付省略）　換地公告証明情報（添付省略）

　　　　　　土地所在図　資格証明情報（地役権図面）

登録免許税　登録免許税法第５条第６号

（注）　地役権図面は，地役権が換地の一部に存続するときに，その部分を表示するために添付する。

3：3　換地処分によるその他の登記

3：3：1　建物に関する登記

換地計画による処分によって換地の効果が生じたとき，換地は，従前地とみなされるため（法104条1項），換地予定地に建設されていた建物の所在地番は変更され，従前地に建設されていた建物を換地を受けた土地にえい行移転をしたことによって所在地番は変更され，あるいは事業のために建物の表示に関する記録を変更したときは，建物に関する登記を申請する必要がある。登記令には規定がないので，不登令3条及びその別表並びに不登規則34条等により登記する。

① この登記は，他の換地処分による登記と同時に又はそれ以後に申請する必要がある。対象となるのは，建物の移転又は除却によるもののみならず，施行地区内において存在する建物で換地処分によりその所在地番が変更されるものすべてとなる。

なお，仮換地指定後の建物に関する登記については，前述（1：6）した。

また，立体換地の処分として，敷地権付き区分建物等を取得した場合（法104条7項）については，次項（3：3：2）で説明する。

② この建物の表示に関する登記の申請は，施行者が，その不動産を管轄する登記所にしなければならない（法107条2項，登記令20条）。

③ この登記の申請は，登記の目的又は登記原因が同一でないときでも，一の申請情報ですることができる（登記規則18条・1条，登記令20条）。

また，建物の表示に関する登記については，1月以内にする義務は課せられていない（登記令24条・不登法47条，51条など）。

④ 事業に関係のない建物の「変動」（法107条1項参照）に係るものについては，施行者に申請の義務はない。例えば，次のような建物である。

a　登記記録の表題部が設けられていない建物

b　表題部が設けられていても実在しない建物

c　曳行移転を要する建物（法77条1項）を所有者が取り壊し，換地先に新材料で新築した建物

なお，b及びcの場合，法令等には規定はないが，これらの登記記録上の建物の表示を記録した「不存在建物調書」を作成し，建物の表示変更登記の申請情報と併せて提供する（換地257）。

3:3:1:1　申請情報の内容

① この登記の申請情報は，一般の登記手続によってその建物の表題部所有者又は所有権の登記名義人が管轄の登記所に提供する（不登法51条1項）ことは可能であるが，建物の表題部所有者又は所有権の登記名義人の申請義務の規定（不登法47条1項・51条1項）の適用は，排除されている。施行者に申請義務があるからである（法107条2項，登記令20条）。

② 事業の施行により建物に変動（所在変更など）があった場合のその建物の表示に関する申請情報の内容については，登記令に規定がないので，不登令3条及びその別表又は不登規則34条等を適用する。

a　申請人の表示

b　変更前の建物の表示

c　変更後の建物の表示

d　建物の所有者の表示

e　登記原因及びその日付

f　登記の目的

g　登記所の表示

h　申請年月日

3:3:1:2　添付情報等

添付情報は，一般の建物に関する登記と同様に，表題登記又は表示変更登記に係る所有権証明書，建物図面，各階平面図及び代理権限証明情報等である。住所証明情報は必要としない（昭32.5.10民事甲915号民事局長回答）。

【登記申請書】（省略）

- 建物の新築による表題登記，取壊しによる滅失登記，えい行移転による所在変更登記などを一の申請情報として記載する。

【記録例５】（抄）

［所在地番の変更］所在：○年○月○日変更　○年○月○日登記

［建物のえい行移転］所在：○年○月○日えい行移転　○年○月○日登記

［建物の一部取壊し］建物の表示：○年○月○日一部取壊し　○年○月○日

［建物の取壊し］建物の表示：○年○月○日取壊し　○年○月○日　同日閉鎖

［建物の表題登記］建物の表示：○年○月○日新築　○年○月○日

3:3:2　立体換地に関する登記

① 市街地における過小宅地（1：4：5：3）又は過小借地（1：4：5：4）に対して適正規模の宅地を換地として与えることが困難である場合は，換地を定めないで，又はその借地権の目的となる宅地若しくはその部分を定めないで，施行者が処分する権限を有する建築物の一部（その建築物の共用部分の共有持分を含む。）及びその建築物の存在する土地の共有持分を与えるように定めることができる（法93条，1：7：1）。土地と建物の権利変換の一つである（注）。

「施行者が処分する権限を有する建築物」とは，施行者が所有権を有し，いつでも処分することができる既存の建築物及び区画整理事業として新たに施行者が建築する建築物である。法は，この建築物を「建築物の一部（その建築物の共用部分の共有持分を含む。）」と規定しており（同条１項），また，主要構造物が耐火構造のものでなければならないから（同条６項），集合住宅つまり区分建物を前提としているといえる。

これら宅地の所有者又は借地人の所有権又は借地権は消滅して，施行者の所有する区分建物及び敷地の共有持分を取得することになる（法104条７項前段）。従前地又はその借地権を目的とする抵当権等は，同日以後は，その共有持分の上に存するものとされる（同項後段・６項後段）。

② この場合の登記の申請は，換地処分による土地の登記の申請と併せてしなければならない（登記令 15 条，17 条・10 条）。

建物が未登記の場合は，敷地権の表示を記載し，施行者名義で建物の表題登記（登記令 18 条・不登法 75 条）をした上で，建築物の一部（区分建物）及び土地の共有持分を与えられた者のために敷地権付き区分建物の所有権の保存登記を申請しなければならない（登記令 16 条）。

③ 建物が施行者のために表題登記がされている場合は，施行者ではなく所有者が（登記令 20 条括弧書き）建物の表題部の変更登記をした上で，敷地権付き区分建物の所有権の保存登記を申請しなければならない。

④ 立体換地制度を適用することができるのは，次の場合である。

a 過小宅地・過小借地の地積を適正化できる場合（法 93 条１項）

b 防火地域（都計法８条１項５号）内で，かつ，高度地区（同項３号）内の宅地について，市街地における土地の合理的利用を図り，災害を防止するため特に必要がある場合（法 93 条２項）

c 宅地の所有者の申出又は同意があり，かつ，その宅地について地上権等の宅地を使用し，又は収益することができる権利を有する者の同意がある場合（同条４項）

（注） 都再法 70 条，建替法 70 条など参照。

3:3:2:1　申請情報の内容

立体換地に係る登記の申請は，換地処分による土地の登記の申請と併せてしなければならない。そして，立体換地に関して登記すべきものの全部について一の申請情報でしなければならない（登記令 15 条，17 条・10 条）。

申請情報の内容は，不登令３条各号（ただし，土地の表示については従前地の表示，建物については取得した建物の表示）及び登記令 16 条各号に掲げる次の事項である。「換地明細書等の作成要領　第三　法 93 条の規定による処分調書作成及び記載要領」を参考として記載する。

a 従前地及び取得した建物の敷地である土地の表示，借地権者（賃借権

者又は地上権者）が建物及びその敷地に関する権利を取得したときは従前の借地権

b　取得した建物の表示並びに表題登記及び所有権の登記の有無

c　従前地の所有権，借地権（その内容）及び取得した建物の敷地に関する権利の登記の有無

d　建物及びその敷地に関する権利を取得した者の表示及び共有持分

e　登記原因及びその日付（年月日法による換地処分）

【換地明細書】　規則13条別記様式第六（四）

（四）法第93条の規定による処分の明細

イ　従前の土地及び借地権

所有権又は借地権の登記の有無	土地の表示	土地について存する権利の種別	権利者の住所及び氏名	摘要

ロ　換地処分後の土地

表題登記又は所有権の登記の有無	土地の表示	所有者の住所及び氏名	持分	摘要	登記の順位番号

ハ　換地処分後の建物

表題登記又は所有権の登記の有無	建物の表示		従前の土地について存する権利の種別	所有者の住所及び氏名	持分	摘要	登記の順位番号
	所在						
	全体の表示	区分所有の部分の表示					

備考

14　ロの「土地の表示」欄には，建物の存在する土地が２筆以上で，各筆の共有者及び及びそれぞれの共有持分の割合が相互に同一であるときは，各筆のの土地の表示を連記すること。

15　ロの「摘要欄」には，換地処分後の土地の共有持分を与えられた従前の土地又は借地権について既登記の先取特権，質権若しくは抵当権又は仮登記，買戻

しの特約その他権利の消滅に関する事項の定めの登記若しくは処分の制限登記があるときは，登記記録に登記された順位番号を冠記し，その権利の種別を記載すること。

16　ハの調書は，建物一棟ごとに作成し，その最下段に共用部分について記載すること。

17「全体の表示」欄には，建物の全体の構造及び床面積を記載すること。

18「区分所有の部分の表示」欄には，家屋番号並びに区分所有の部分の構造，種類，床面積及び建物の番号があるときは，建物の番号を記載すること。

19「従前の土地について存（在）する権利の種別欄の記載については，従前の土地について存在する所有権，地上権及び賃借権についてその種別を記載すること。この場合において，既登記の借地権については，その登記記録に登記された順位番号を冠記すること。

20　ハの「摘要欄」の記載については，15の例によること。

21　共用部分の記載については，「区分所有の部分の表示」欄に共用部分の家屋番号，構造，種類及び床面積を記載すること。

（参照：換地明細書等の作成要領第三・要領別表第２，市村 658）

3:3:2:2　登記手続

①　換地計画において「敷地権付き区分建物」を与えられるように定められた従前地の所有権又は借地権（地上権又は賃借権）を取得した者のために，区分建物について所有権の保存若しくは移転登記又は借地権の設定若しくは移転登記（以下「所有権等登記」という。）をする（登記規則16条３項前段）。

建物の表題登記がない場合（施行者が新たに建築した建物）は，保存登記（登記令18条・15条・不登法75条）をする前に職権で建物の表題登記をする。

②　換地計画において土地の共有持分を与えられるように定められた宅地を有する者について，保存登記をする場合は，「登記規則第16条第１項の規定により登記」をする旨を記録する。所有権の移転登記をする場合の登記原因は，「年月日法第104条第６項の規定により取得又は年月日法による換地処分」（原因日付は換地処分の公告日の翌日）と記録する。（注）

③　従前地又は地上権に既登記の抵当権等が存する場合（法104条６項後段）は，区分建物又は土地の共有持分の登記記録の権利部の相当区にこれらの権利を移記する。

この場合において，その権利が土地の共有持分の上に存在するときは，「何某共有持分抵当権設定」旨及び「登記規則第16条３項の規定により何番の土地の登記記録から移記した」旨及びその「年月日」を記録しなければならない（登記規則16条３項前段）。

また，その権利が法104条７項後段の規定により共有持分の上に存在するときは，「何某の共有持分を目的とする」旨並びに「家屋番号何番の建物（又は家屋番号何番の建物の何某の共有持分）及び何番の土地の何某の共有持分が共にその権利の目的である」旨も記録しなければならない（登記規則16条３項後段）。これにより，共同担保の目的である物件を表示することになる（同条４項・不登規則170条（５項を除く））。

④　これらの手続をした後，従前地に存する借地権に対して建物及び敷地の権利が与えられた場合において，所有権等登記をしたときは，その借地権の目的である土地の登記記録の権利部に，「法による換地処分により家屋番号何番の建物（又は家屋番号何番の建物の何某の共有持分）及び何番の土地についての権利（何某の共有持分）が与えられたので，借地権の登記を抹消する」旨及びその「年月日」を記録し，かつ，借地権の登記事項を抹消する記号を記録しなければならない（同条５項）。

⑤　従前地に対して建物及びその敷地に関する権利が与えられた場合において，登記令18条２項により従前値の表題部の登記を抹消するときは，従前地の登記記録の表題部に「法による換地処分によって家屋番号何番の建物（又は家屋番号何番の建物の何某の共有持分）及び何番の土地についての権利が与えられた」旨並びに土地の表題部の登記事項を抹消する記号を記録し，登記記録を閉鎖しなければならない（同条６項）。

⑥　登記官は，以上の登記が完了したときは，速やかに，登記名義人のために登記識別情報を申請人（施行者）に通知しなければならない。通知を受けた施行者は，遅滞なく，これを登記名義人に通知しなければならない（登記令19条）。

（注）　土地の登記記録の表題部には，筆界特定（不登法第６章）がされた筆界特定手続記録又は筆界特定書等の写しの送付を受けた登記所の登記官が，対象土

地の登記記録に，筆界特定がされた旨を記録するための欄が設けられているが（不登規則234条，別記第七号），換地処分による登記をする場合にこの記録がされることはない。

【様式10】　建物登記申請書（省略）

- 建物の新築による表題登記，取壊しによる滅失登記，えい行移転による所在変更登記などを一の申請情報に記載する。

【記録例６】　(抄)

(1)　表題登記　区分建物（専有部分）

表題部（専有部分の建物の表示）				不動産番号	
家屋番号	何町何番の101				
①種　類	②構　造	③床面積㎡		原因及びその日付〔登記の日付〕	
居　宅	鉄筋コンクリート造 1階建	1階部分 80	00	登記規則第16条第1項の規定により所有権の登記をするため 登記の日付：○年○月○日	
(以下略)					

(2)　所有権の保存登記　土地・区分建物

権利部（甲区）			
順位番号	登記の目的	受付年月日・受付番号	権利者その他の事項
1	所有権保存	（省略）	所有者　○○ 登記規則第16条第1項の規定により登記

(3)　取得した既登記の土地

表題部			調製		不動産番号
地図番号			筆界特定		
所　在	○○市○○町○○字○○				
	○○市○○町何丁目				
①地　番	②地　目	③地　積			原因及びその日付〔登記の日付〕
10番	宅　地	○○.○○㎡			
1番	宅　地	○○.○○㎡			○年○月○日法による換地処分 〔○年○月○日〕

(4)　取得した土地の所有権の移転

権利部（甲区）			
順位番号	登記の目的	受付年月日・受付番号	権利者その他の事項
2	所有権移転	（省略）	○年○月○日法第104条第６項の規定により取得（又は法による換地処分） 所有者　○○ほか何名

(5)　従前地から取得した土地への抵当権移記

権利部（乙区）			
順位番号	登記の目的	受付年月日・受付番号	権利者その他の事項
1	何某持分 抵当権設定	（省略）	（登記事項省略） 登記規則第16条第３項の規定により何番の土地の登記記録から移記 共同担保目録（あ）第○号 ○年○月○日

(6)　従前地の所有者又は借地権者に（敷地権付き）区分建物が与えられた従前地

表題部		調製	不動産番号
地図番号		筆界特定	
所　在	○○市○○町○○字○○		
①地　番	②地　目	③地　積	原因及びその日付〔登記の日付〕
20番	宅　地	○○.○○㎡	○年○月○日法による換地処分により何番の土地の共有持分及び同番地の家屋番号何番の建物が与えられた 登記の日付：○年○月○日　同日閉鎖

権利部（乙区）			
順位番号	登記の目的	受付年月日・受付番号	権利者その他の事項
1	賃借権設定	（省略）	（登記事項省略）
2	１番賃借権抹消		法による換地処分により何番の土地の共有持分及び同番地家屋番号何番の建物が与えられた ○年○月○日

3:3:3　共有土地の換地に関する登記

3:3:3:1　過小宅地の場合

①　土地区画整理事業においては，従前地は平等に減歩され，照応の原則に従って換地が定められるのが原則であるが，そうすると，良好な市街地の整理や宅地の供給など土地区画整理事業の目的を達することができないことがある。

そこで，地方公共団体，行政庁，都市再生機構又は地方公社が施行する土地区画整理事業においては，過小宅地が発生することが予想されるときは，照応の原則の例外を認めて，過小宅地に対しては減歩をしないで，又は増換地をして，適正な宅地を換地として定めることができるものとしている（法91条1項，1：4：5：3 a）。定めなければならないものではないのであって，施行者の裁量に委ねられていると解すべきである（大阪地判昭58.10.21判時1049-20）。

また，小規模宅地の所有者及びその宅地に隣接する宅地の所有者の申出があったときは，施行地区内の土地の共有持分を与えるように定めることができるとしている。ただし，申出に係る宅地について地上権，永小作権，賃借権，その他土地を使用し，又は収益することのできる権利（地役権を除く。）が存在する場合には，共有換地を定めることはできない（同条3項）。

②　換地計画において，土地の共有持分を与えられるように定められた土地を所有する者は，換地処分の公告のあった日の翌日にその土地の共有持分を取得する。この場合，従前地について存在した「担保権又は仮登記，買戻しの特約，その他の権利の消滅に関する事項の定めの登記若しくは処分の制限の登記に係る権利（以下「担保権又はその他の権利」という。）」は，換地処分の公告のあった日の翌日以後は，その土地の共有持分の上に存在することになる（法104条6項）。

【換地明細書】 規則13条別記様式第六（三）

（三）法第91条第３項の規定による処分の明細

イ　従前の土地

所有権登記の有無	土地の表示	所有者の住所及び氏名	摘　　要

ロ　換地処分後の土地

表題登記又は所有権の登記の有無	土地の表示	所有者の住所及び氏名	持　分	摘　　要	登記の順位番号

備考

12 「土地の表示」欄には，その所在，地番，地目及び地積を記載すること。

13 「摘要欄」には，換地処分後の土地の共有持分を与えられた従前の土地又は借地権について既登記の先取特権，質権若しくは抵当権又は仮登記，買戻しの特約その他権利の消滅に関する事項の定めの登記若しくは処分の制限登記があるときは，登記記録に登記された順位番号を冠記し，その権利の種別を記載すること。

【参照】市村673「換地明細書　共有換地」

3:3:3:2　共同住宅区及び復興共同住宅区

大都市法における共同住宅区（1：7：5）及び被災法における復興共同住宅区（1：8：1）（以下「復興・共同住宅区」と総称する。）は，事業計画において中高層建物を建築して共同住宅の用に供すべき土地の区域を定めることができるように特例として設けられたものである（大都市法13条，被災法11条）。

復興・共同住宅区においては，その換地は，共同住宅を建設するのに必要なものでなければならないから，規約，定款又は施行規程で共同住宅を建設するのに必要な規模（指定規模）として定めたものについてのみ換地を与え，指定規模に満たない宅地については，土地の共有持分を与えるように定めなければならない（大都市法16条２項，被災法14条２項）。

復興・共同住宅区内に換地が定められた場合における従前地の権利関係の帰属は，用益物権の特則を除いては，通常の換地処分の場合と異ならない。

すなわち，従前地について存在した所有権及び地役権以外の権利等については，換地処分の公告のあった日の翌日から従前地について存在したこれらの権利等の目的である土地又はその部分とみなされる（法104条2項前段）。

したがって，従前地について存在した担保権等は，復興・共同住宅区内の換地についても同順位のまま移行するので（大都市法16条4項，被災法14条4項・法104条6項後段），原則として，土地の表示に関する登記が変更されるにとどまり，甲区，乙区についての変更はない。

3:3:3:3　共有換地の登記の申請情報及び添付情報

① 共有換地の登記の申請は，換地処分による土地の登記と併せてしなければならない（登記令21条）。申請情報の内容には，従前地及び共有持分が与えられた土地の表示など不登令3条各号に掲げる事項のほか，次の事項を記載する（登記令22条1項）。

a　共有土地を取得した者の表示及びその共有持分

b　共有者の各持分

② 共有土地と定められた土地の上に既登記の地役権が存する場合には，①の事項及び登記令4条1項各号に掲げる事項のほか，次の事項を記載する（登記令5条1項）。

c　地役権の存続すべき土地の表示

d　aの土地の所有者の表示

e　地役権の範囲が換地の一部であるときは，地役権設定の範囲

③ ②eの場合は，地役権図面を申請情報と併せて提供しなければならない（同条3項）。

3:3:3:4　共有換地の登記

3:3:3:4:1　所有権の保存登記

登記官は，登記令21条の申請に基づき土地の共有持分を取得した者のために所有権の保存登記をするときは，「登記規則第19条第1項の規定により登記をする」旨を記録しなければならない（登記規則19条1項）。

この場合において，従前地を目的とする既登記の「担保権又はその他の権

利」があるときは，所有権等登記をした登記記録の権利部の相当区にこれらの権利に関する登記を移記し，かつ，「登記規則第19条第2項（第16条第3項の読替え）の規定により何番の土地の登記記録から移記した」旨及びその年月日を記録しなければならない（同条2項・16条3項，4項）。

3:3:3:4:2　既登記の地役権が存続する場合

共有土地の上に既登記の地役権が存続する場合には，その土地（底地）の登記記録から地役権の登記を移記し，「法による換地処分により何番の土地の登記記録から移記した」旨及びその年月日を記録する。

この場合において，換地処分によって地役権の登記中の要役地若しくは承役地の表示，地役権設定の範囲又は地役権の存する土地の部分に変更を生じたときは，その変更を付記して，これに相当する変更前の事項を抹消する記号を記録しなければならない（登記規則19条2項・6条2項）。

この手続をしたとき，登記官は，地役権に関する登記のある土地の登記記録を閉鎖する必要はない。ただし，その登記記録の乙区に，「法による換地処分により地役権に関する登記を何番の土地の登記記録に移記した」旨，その年月日及び前の登記の登記事項を抹消する記号を記録しなければならない（同条2項・6条3項）。

3:3:3:4:3　既登記の地役権が消滅した場合

換地と定められた土地に存在する既登記の地役権が消滅した場合，登記官は，職権で，その権利が消滅した旨を登記しなければならず（登記規則19条2項・登記令7条2項），承役地及び要役地について地役権に関する登記の抹消をするときは，その土地の記録の乙区に，「法による換地処分により消滅した」旨及びその年月日を記録しなければならない（登記規則19条2項・6条4項）。

3:3:3:4:4　従前地の所有者に共有持分が与えられた場合

従前地に対して共有土地が与えられた場合において，共有持分を取得した者のために，所有権の保存又は移転登記をしたときは，従前地の登記記録の表題部に「法による換地処分によって何番の土地の共有持分が与えられた」旨及びその土地の表題部の登記記録を抹消する記号を記録し，その登記記録を閉鎖しなければならない（登記規則19条2項・16条6項）。

3:3:3:4:5　乙登記所の管轄に属する土地が与えられた場合

甲登記所管轄区域内にある土地に対して乙登記所管轄区域内の土地が与えられた場合において，従前地を目的とする既登記の「担保権又はその他の権利」があるときは，甲登記所の登記官は，従前地又は従前の地上権若しくは賃借権の目的である土地の登記事項証明書を乙登記所に送付しなければならない（登記規則19条2項・17条1項）。

【記録例7】

(1)　所有権の保存登記

権利部（甲区）			
順位番号	登記の目的	受付年月日・受付番号	権利者その他の事項
1	所有権保存	（省略）	所有者　持分何分の何　○○　ほか何名 登記規則第19条第1項の規定により登記 ○年○月○日

(2)　従前地から取得した土地への抵当権移記

権利部（乙区）			
順位番号	登記の目的	受付年月日・受付番号	権利者その他の事項
1	何某持分抵当権設定	（省略）	（登記事項省略） 登記規則第19条第2項の規定により何番の土地の登記記録から移記 共同担保目録（あ）第○号 ○年○月○日

(3)　従前地の所有者に共有持分が与えられた

表題部		調製		不動産番号
地図番号		筆界特定		
所　在	○○市○○町○○字○○			
①地　番	②地　目	③地　積	原因及びその日付〔登記の日付〕	
10番	宅　地	○○.○○㎡	○年○月○日法による換地処分により何番の土地の共有持分が与えられた 登記の日付：○年○月○日同日閉鎖	

3：4　換地処分による登記手続

① 換地処分の基本的な構造は，従前地が消滅して新たに土地が形成されることであるから，新たな情報として登記記録を作成することになる。この登記手続の基本は，従前の登記記録を閉鎖することなく，同記録を利用して換地の登記をすることである。すなわち，

a　従前地１筆に対して１筆の換地が定められた場合（登記規則６条１項）は，土地の表示変更

b　数筆の従前地に対して１筆の換地が定められた場合（登記規則７条１項）は，土地の合併

c　１筆の従前地に対して数筆の土地の換地が定められた場合（登記規則８条１項）は，土地の分割

により，それぞれ処理をする。

そして，従前地について換地を定めなかった場合（登記規則11条）などは，土地の滅失の場合に準じて，登記記録を閉鎖する。

② 換地処分は，施行者が施行地域内の土地の区画や形質を整理する工事前の従前地に代えて，これに照応した工事施行後の土地である換地を交付帰属させる処分である。換地処分による従前地と換地との関係は，従前地が消滅して，換地となるべき土地が新しく生ずるという考えによる。

したがって，換地処分による登記は，従前地の登記記録をすべて閉鎖し，換地について新たに表題登記並びに所有権の保存登記及びその他の権利について新たに設定登記の方法をとることが換地処分の実体に即した方法であるともいえる。

しかし，従前地は換地とみなされるので，従前地に登記されていた権利に関する登記は，そのまま換地に移行する（地役権は除く。）と構成し，新しく登記情報を記録する代わりに，従前の登記情報をそのまま利用して，換地の登記記録とする手法を採用したのである。

3:4:1　表示変更型換地（1筆対1筆型換地）

① 換地計画によって定められた換地は，換地処分をした公告のあった日の翌日から従前地とみなされるから（法104条2項），従前地の表題部の情報は，換地処分によって定められた表題部の情報に変更されたとみなされ，従前地の登記記録の表題部に，換地の所在となる土地の表示を記録して，従前地の表題部の登記事項を抹消する記号を記録しなければならない（登記規則6条1項）。このような1筆対1筆型換地を「表示変更型換地」といっている。

② 権利部については，従前地の権利部の記録がそのままの状態で換地の権利部の情報となるので，何らの処理をする必要もない。ただし，地役権については，現地換地の場合を除いて，換地に移行しない。また，従前地について，所有権の登記がない場合は，土地の表題部の所有者の欄に記録されている者（表題部所有者）が所有者とみなされるから，申請情報に記載されている所有者の住所及び氏名が登記情報と合致していない場合には，一致させるための代位登記が必要となる（登記令2条2号）。

a　所在

所在については，従前地の表示に変更がない場合は，改めて記録する必要はない。

なお，地自法260条によって所在の市町村の区域内の町若しくは字の名称等の変更の処分が行われた場合，その処分の効果は，換地処分の効果と同時に生ずるから（地自令179条），変更登記の記録がなくても当然に変更されたものとみなされる（不登規則92条1項）。

b　原因及びその日付

換地処分の効果が生じた「原因」は，「法による換地処分」であり，その「日付」は換地処分の公告をした日の翌日（法104条1項）であるから，「○年○月○日　法による換地処分」と記録する。

c　登記の日付

登記の日付は，登記官が登記を完了した年月日を記録する（不登準則

66条）が，特別の事情がない限り，登記申請後の一定の日を登記の日付としても差し支えない。

d　共同担保目録

従前地に担保権の登記がされていて，その担保権が従前地以外の不動産と共同担保の目的となっているときは，「共同担保目録」が作成されている（不登規則166条）。この共同担保目録には，担保物件として従前地の所在情報が記録されているから，この表示を換地の表示に変更する手続が必要となる。この場合は，共同担保目録に次のように記録する。

(1)　従前地の予備欄に変更登記の申請年月日及び受付番号，変更登記をした旨，従前地の表示を抹消する記号（同規則170条２項）

(2)　換地の不動産に関する権利に付す番号，換地の不動産に係る不動産の所在事項，担保権の登記（他の登記所の管轄区域内にある不動産に関するものを除く。）の順位番号等（不登規則167条１項３号）

【記録例８】

［換地］

表題部		調製		不動産番号
地図番号		筆界特定		
所　在	○○市○○町○○字○○			
	○○市○○町何丁目　　○年○月○日変更　○年○月○日登記			
①地　番	②地　目	③地　積		原因及びその日付〔登記の日付〕
10番	宅　地	○○.○○㎡		○年○月○日法による換地処分 登記の日付：○年○月○日
１番	宅　地	○○.○○㎡		

3:4:2　合併型換地（数筆対１筆型換地）

従前地の数筆に照応して１筆の換地が定められた場合は，数筆の土地を合併して１筆の土地とする処分であるから，不登法に定める合筆登記に準じた方法で行う。「合併型換地」である（3：4：4）。

合併型換地の場合は，不登法の合筆登記の手続要件（不登法41条，不登規則

105条）に準じて適用される。したがって，従前地の数筆が，その手続要件に合致しない場合は，不登法の合筆登記の要件に合致している従前地ごとに１筆の土地として登記手続をする。ただし，所有権の登記のある土地と所有権の登記のない土地との合併型換地も，次の場合を除き，認められている（登記規則７条１項括弧書き）。

① 所有権の登記以外の権利に関する登記がある土地（不登法41条６号）

ただし，次の権利に関する登記はすることができる（不登規則105条）。

a 承役地についての地役権の登記

b 担保権の登記であって，登記の目的，申請の受付年月日及び番号並びに登記原因及びその日付が同一のもの

c 信託の登記であって，不登法97条１項各号に掲げる登記事項が同一のもの

d 鉱害賠償登録に関する登記（鉱害令26条）であって，登録番号（鉱害規則２条）が同一のもの

② 相互に接続していない土地（不登法41条１号）

③ 表題部所有者又は所有権の登記名義人が相互に異なる土地（同条３号）

④ 表題部所有者又は所有権の登記名義人が相互に持分を異にする土地（同条４号）

3:4:2:1　土地の表題部の記録

従前地の数筆に照応して１筆の換地が定められた場合の登記手続は，不登法の土地の合筆登記と同様に，従前地のうちの１筆の土地（甲地）の登記記録を用いて換地の表題部の情報を記録し，他の従前地の登記記録は，抹消する記号を記録して閉鎖する（不登規則106条）。

3:4:2:1:1　換地の表題部情報を記録する従前地の登記記録

従前地のうちの甲地の登記記録の表題部の情報は，換地が従前地とみなされるから，甲地の登記記録の表題部に，換地の表示及び他の従前地の地番を記録し，かつ，甲地の表題部の登記事項の変更部分を抹消する記号を記録しなければならない。甲地以外の従前地の地番の記録は，表題部の原因及びそ

の日付欄にしなければならない（登記規則７条１項）。

換地の情報を記録する従前地を選択する場合において，従前地の登記記録に所有権の登記記録があるものとないものがあるときは，所有権の登記記録のある従前地を選択する（同項括弧書き）。また，権利部の記録に登記情報に多いものと少ないものがあるときは，登記記録の少ない従前地の登記記録を用いる。

a　所在

所在については，従前地の表示に変更がなく，同一の場合には，改めて記録する必要はない。

b　原因及びその日付

換地処分の効果の生じた「原因」は，「法による換地処分」であって，その「日付」は換地処分の公告をした日の翌日（法104条１項）「○年○月○日　法による換地処分」と記録し，「他の従前地の何番」の土地を合併したかを記録する（登記規則７条１項）。

c　登記の日付

登記の日付は，登記官が登記を完了した年月日を記録する（不登準則66条）が，特別の事情がない限り，登記申請後の一定の日を登記の日付として差し支えない。

3:4:2:1:2　換地の情報を記録しない従前地の登記記録

換地の情報を記録しなかった従前地の登記記録の表題部の原因及びその日付欄には，「法による換地処分により何番（換地の地番）の土地の登記記録に移記した」旨及びその「年月日」を記録し，従前地の表題部の登記事項を抹消する記号を記録し，登記記録を閉鎖しなければならない（登記規則７条２項）。

3:4:2:2　土地の権利部の記録

3:4:2:2:1　従前地の権利部に所有権の登記がある場合

換地の登記記録となる従前地の登記記録の権利部に所有権の登記がある場合，不登法は，合併による所有権の登記をするが（不登規則107条），換地処分の場合も，登記官は，職権で，換地の登記記録に当該所有権登記名義人を換地の登記名義人とする所有権の登記をし（登記令11条1項），権利部の甲区に「法による換地処分により所有権の登記をする旨並びに受付年月日及び受付番号」を記録しなければならない（登記規則7条3項）。

登記官は，当該登記が完了したときは，速やかに，換地の登記名義人のために登記識別情報を申請人に通知しなければならない（登記令11条2項）。

なお，所有権の登記名義人の表示が，従前地の登記記録あるいは申請情報の記録と一致しないときは，事前に施行者が代位によって一致させるために変更更正登記の申請をしておく必要がある（登記令2条3号）。

3:4:2:2:2　従前地の権利部に所有権の登記がない場合

換地の登記記録となる従前地の権利部に所有権の登記記録がない場合は，その登記記録の表題部の所有者が所有権の保存登記の申請をする（不登法74条）。

3:4:2:3　共同担保目録

① 合併する従前地に担保権の登記がされていて，その担保権が合併の登記をすることについて制限を受けない土地（不登規則105条）の場合は，合併前に登記をした担保権の効力が，合併した土地のすべてに及んでいる旨を記録しておく必要がある。そこで，「何番登記は合併後の土地の全部に関する」と記録する（記録例33抵当権が合筆後の土地の全部に関する旨の付記をする場合）。

② 共同担保目録に記録されている従前地の表示を換地の表示に変更する場合は，共同担保目録に記録されている従前地の予備欄に変更登記の申請年月日及び受付番号，変更登記をした旨を記録して，従前地の表示を抹消する記号を記録し，その共同担保目録に「換地の不動産に関する権利に付す番号」，「換地の不動産に係る不動産の所在事項」，「その担保の登記記録の順位番号（他の登記所の管轄区域内にある不動産に関するものは除く。）」等（不登規則167条1項3号）を記録する（同規則170条2項）。

3:4:2:4　登記識別情報の通知

換地処分の登記によって所有権の登記（換地）を完了したときは，登記官は，速やかに，換地の登記名義人のために，登記識別情報を申請人（施行者）に通知しなければならない（登記令11条2項）。通知を受けた申請人は，これを換地の登記名義人に通知しなければならない（同条3項，3：7：1：5）。

なお，登記官は，申請人（施行者）に対して，登記完了証を交付することにより，登記が完了した旨も通知しなければならない（不登規則181条1項）。

【記録例9】

［従前地］

表題部			調製		不動産番号
地図番号			筆界特定		
所　在	○○市○○町○○字○○				
①地　番	②地　目	③地　積		原因及びその日付〔登記の日付〕	
10番	宅　地	○○.○○㎡		○年○月○日法による換地処分により○○町何丁目1番に移記 登記の日付：○年○月○日　同日閉鎖	

［換地］

表題部			調製		不動産番号
地図番号			筆界特定		
所　在	○○市○○町○○字○○				
	○○市○○町何丁目　○年○月○日変更　○年○月○日登記				
①地　番	②地　目	③地　積		原因及びその日付〔登記の日付〕	
10番	宅　地	○○.○○㎡		○年○月○日法による換地処分 他の従前地　何番，何番 登記の日付：○年○月○日	
1番	宅　地	○○.○○㎡			

権利部（甲区）			
順位番号	登記の目的	受付年月日・受付番号	権利者その他の事項
2	所有権移転	（省略）	（省略）
3		（省略）	法による換地処分による ○年○月○日　所有者　○○　○○ 所有権登記　第○○号

権利部（乙区）（共同担保の場合）			
順位番号	登記の目的	受付年月日・受付番号	権利者その他の事項
1	抵当権設定	（省略）	（省略）
付記1号	1番登記は合併後の土地の全部に関する		○年○月○日付記

3：4：3　従前地の全部又は一部に所有権及び地役権以外の権利等がある場合

3:4:3:1　部分指定

従前地の数筆に対して1筆の土地が換地される合併型換地（3：4：2）において従前地の全部又は一部に「所有権及び地役権以外の権利又は処分の制限」（以下，「権利等」（1：4：5：1：2）という。）がある場合，これに対する換地は，その権利等の目的である土地とその部分を照応の原則に準じて定めなければならない（法89条2項）。「部分指定」という。

換地処分の効果が発生した場合は，従前地とみなされた土地又はその部分は，その権利等の目的である土地又はその部分とみなされるから（法104条2項，登記令12条），みなされた土地の部分とみなされていない部分に分けて登記をし，その権利等は，みなされた換地又はその部分に移行する。

法104条2項の適用をこの「権利等」に限定しているのは，法89条2項で，換地計画においてその目的となるべき宅地又はその部分を定めなければならないこととされる権利のみを対象とする趣旨である。宅地の所有権に関する換地処分の効果については，法104条1項により明らかであり，地役権に関する換地処分の効果については，同条4項で規定している。

なお，事業の施行により行使する利益がなくなった地役権は，換地処分の公告があった日が終了したときに消滅する（法104条5項）。例えば，通行地役権の多くは，道路ができたことにより消滅するのである。

【判例13】 未登記借地権の存続

換地処分がされた場合，従前の土地に存在した未登記賃借権は，法85条のいわゆる権利の申告がされていないときでも，換地上に移行して存続すると解するべきである（最一小判昭52.1.20民集31-1-1）。

3:4:3:2 数筆対各1筆型換地

従前地である甲地及び乙地の2筆の土地に対して1筆の換地Aが交付されたが，甲地には抵当権の登記（権利等）がある場合，甲地に照応して換地計画書に記載された抵当権の存続する部分が，符号，面積等によって明らかにされているので（登記令6条各号），これを甲地に対応する1個の換地とみなし，換地計画書に記載された換地のその他の部分を従前地乙地に照応する1個の換地とみなして，それぞれ1筆対1筆型の換地として処理する（登記令12条）。

換地計画上は合併型となっているが，登記の実行においては，前述の合併類似の処理はしないのである。これは，1筆の土地の一部に地役権以外の登記はできないとする不登法の原則によるものである。

3:4:3:3 各1筆対各1筆型換地

「権利等」が従前地のすべてに存在する場合は，各従前地について異なった権利が登記されていることから，換地後の土地の一部に権利等が存することになるため，換地を1筆の土地として登記記録を設けることはできない。

そこで，各権利の存在する部分に対応する従前地の登記記録をそれぞれに利用して換地の登記記録とする。これは，各権利の存する部分ごとに1筆対1筆型の換地処分の登記をしたことと同じ処理をすることを意味する（登記令12条，6条）。

3:4:3:4　合併型換地（数筆対1筆型換地）

抵当権等の担保権が存する土地の合併換地は，従前地の全部について，同日付で設定された同一内容の担保権（共同担保の関係にあるもの）の登記があり，ほかに権利等がない場合は，1筆の換地として換地処分の登記ができる。さらに，地上権の登記のある数筆の土地の合併換地，敷地権の登記のある数筆の土地の合併換地及び同一工場財団に属する数筆の合併換地についても同日付けで設定された同一内容のものであれば原則可能である（平6.12.21民三8670号民事局長通達）。

そのほか，所有権移転の仮登記がされていても，後にその内容どおりに所有権の移転登記がされていれば，合併換地も可能であろう。

3:4:3:4:1　同一内容の抵当権

権利等が従前地数筆のすべてに存在する場合で，その権利が同一内容のものであるとき（同日付けで設定された同一内容の抵当権で共同抵当の関係にあるもの）で，各筆換地明細書の所有権に関する明細様式中「所有権及び地役権以外の権利又は処分の制限（権利等）」欄の「種別」欄に「抵当権」と，「部分」欄に「全部」と記載されている場合は，1筆の換地として登記することができる（昭47.2.3民事甲765号民事局長通達（土地改良），同旨昭47.8.24民事甲3595号民事局長通達，昭47.9.19建東都区発540号建設省区画整理課長回答）。

この場合において，抵当権の目的物件が換地1筆となったときは，換地の登記記録の乙区事項欄に，「法による換地処分により共同担保関係消滅」の旨を職権により付記登記して共同担保である旨の記録を抹消し，共同担保目録を除却する（昭47.2.3民三80号民事局第三課長通知（土地改良））。

3:4:3:4:2　同一内容の地上権

従前地すべてについて同日付けで設定された同一内容の地上権の登記があり，ほかに権利等の登記がない場合は，1筆の換地として登記することができる。ただし，地代の定めの登記があるときは，各筆について地代の定めが1平方メートル当たり金何円というように共通の単位を基準として定められ，かつ，その金額が同一であることが必要である（昭55.2.4民三787号民事局長通達)。

3:4:3:4:3　同一内容の敷地権

従前地すべてについて同一内容の敷地権(地上権及び賃借権については，同日付けで設定されている場合に限る。)について敷地権である旨の登記がある場合は，１筆の換地として取り扱って差し支えない(3：4：3：4，平6.12.21民三8670号民事局長通達)。

3:4:3:4:4　同一の工場財団抵当

従前地すべてについて，工場抵当法34条の規定による工場財団に属した旨の登記があっても，従前地のすべてが同一の工場財団に属している場合は，１筆の換地として登記することができる(昭37.12.27民事甲3725号民事局長通達)。

【記録例10】

①　抵当権

権利部(乙区)			
順位番号	登記の目的	受付年月日・受付番号	権利者その他の事項
1	抵当権設定	(省略)	(登記事項省略)
付記１号	１番登記は換地の全部に関する		○年○月○日付記

②　敷地権(所有権)

権利部(甲区)			
順位番号	登記の目的	受付年月日・受付番号	権利者その他の事項
2	所有権移転	(省略)	(登記事項省略)
3	共有者全員持分全部敷地権		建物の表示　一棟の建物の名称　何 ○年○月○日登記
4	３番登記は換地の全部に関する		○年○月○日登記

③　敷地権（地上権又は賃借権）

権利部（乙区）			
順位番号	登記の目的	受付年月日・受付番号	権利者その他の事項
1	地上権設定	（省略）	（登記事項省略）
2	１番地上権敷地権		建物の表示　一棟の建物の名称　何 ○年○月○日登記
1付記1号	１番登記は換地の全部に関する		○年○月○日付記
3	２番登記は換地の全部に関する		○年○月○日登記

④　工場財団に属する土地及び建物

権利部（甲区）			
順位番号	登記の目的	受付年月日・受付番号	権利者その他の事項
1	所有権保存	（省略）	所有者　○○　○○
2	工場財団に属すべきものとして所有権の保存登記の申請があった	（省略）	
3	工場財団に属した		○年○月○日登記
4	法の換地処分による所有権登記	（省略）	所有者　○○　○○
5	２番，３番の登記は換地の全部に関する		○年○月○日登記

（注）　工場財団の登記記録はコンピュータ化されていないので，実際には縦書きのままである。表題部（財団表示）甲区（所有権）乙区（抵当権）の３葉からなる。

3:4:3:5　部分指定のない部分がある場合

換地のうち権利等についての部分指定のない部分がある場合は，権利等のない従前地に照応して交付された部分については合併型で，また，抵当権等の権利についての部分指定のある部分については１筆対１筆型で，それぞれ登記手続をする。

権利の部分指定がない部分が２筆の土地にあるときは，その部分について合併型換地の手続をする。これに対して，部分指定の関係で全体として１筆となり得ない状態にあるときは，それぞれの部分について１筆対１筆型の手続をする。このときは，権利の部分指定がない部分についても地積及び符号を定める必要がある。

3：4：4　分割型換地（1筆対数筆型換地）の場合

従前地の1筆の土地に照応して数筆の換地が定められた場合の登記は，従前地の登記記録を用いて不登法に基づく土地の分筆登記に準じた方法で行う。「分割型換地」（3：4：2）である。

従前地が換地とみなされているので，換地の1筆については従前地の登記記録を用いて記録するが（登記規則8条1項），その他の各換地については，新たな登記記録を作成し（同条3項），従前地に所有権の登記があるときには，その所有権に関する登記を転写しなければならない（同条4項）。また，「権利等」に関する登記があるときは，これらの権利等を転写するために権利部の相当区の作成が必要となる（同条5項）。

従前地の登記記録を数筆の換地のどの換地を用いるかについては特に定めはないが，通常は，換地計画書の筆頭に記録されている換地を用いている。

3:4:4:1　土地の表題部の記録

従前地の1筆に照応して数筆の換地が定められた場合の登記は，不登法の土地の分筆登記（不登規則101条）と同様に，換地処分された数筆のうちの1筆については，従前地の登記記録を用いて，その換地の表題部の登記事項及び他の換地の地番を（表題部の原因及びその日付欄に）記録し，かつ，従前地の表題部の登記事項を抹消する記号を記録しなければならない（登記規則8条1項）。

従前地の表題部を用いて換地の表題部の登記事項を記録しなかった他の換地については，各換地ごとの新たな登記記録を作成して，各換地ごとに表題部の登記事項及び他の換地の地番を記録しなければならない（同条3項）。

3:4:4:1:1　換地の表題部

a　所在

従前地の表示に変更がなく，同一の場合には，改めて記録する必要はない。

地自法260条によって所在地の名称等に変更があった場合，その処分の効果は，換地処分の効果と同時に生ずるから（地自令179条），変更登記がなくても当然に変更されたものとみなされるので（不登規則92条1項），所在欄に変更後の名称を記録する。

b　所在以外の表題部の登記事項

従前地の登記事項を用いて換地処分を受けた換地の1筆について記録する所在以外の換地の表示に関する情報は，地番，地目及び地積である。この情報については，換地処分の情報から登記の表題部に記録する（登記規則8条1項）。

換地の表題部の登記事項は，従前地の情報として記録されている登記事項とは関係のない新たな情報として記録される。したがって，従前地の記録が同一の内容であっても換地の表題部情報としてすべてを記録する。例えば，従前地の地目と換地の地目が同じであっても記録する。

c　従前地の所在以外の表題部の登記事項

従前地の所在以外の表題部の登記事項は，不要な情報となるので，抹消する記号を記録する（登記規則8条1項）。

d　原因及びその日付

「原因」は，「法による換地処分」であり，その「日付」は，換地処分の公告をした日の翌日（法104条1項）であるから「○年○月○日　法による換地処分」と記録し，従前地から換地として受けた土地について，登記官が1換地ごとに地番を付け（不登法35条），従前地から生じた換地の関係を明らかにするために，その登記記録以外の換地は，「他の換地の地番」として表題部の原因及びその日付欄に記録しなければならない（登記規則8条1項後段）。

e　登記の日付

登記の日付は，登記官が登記を完了した年月日を記録する（不登準則66条）が，特別の事情がない限り，登記申請後の一定の日を登記の日付として差し支えない。

【記録例 11】

［従前地（換地）］

<table>
<tr><td colspan="3">表題部</td><td>調製</td><td></td><td>不動産番号</td></tr>
<tr><td colspan="2">地図番号</td><td></td><td colspan="2">筆界特定</td><td></td></tr>
<tr><td rowspan="2">所　在</td><td colspan="5">〇〇市〇〇町〇〇字〇〇</td></tr>
<tr><td colspan="5">〇〇市〇〇町何丁目　〇年〇月〇日変更　〇年〇月〇日登記</td></tr>
<tr><td colspan="2">①地　番</td><td>②地　目</td><td colspan="2">③地　積</td><td>原因及びその日付〔登記の日付〕</td></tr>
<tr><td colspan="2">10 番</td><td>宅　地</td><td colspan="2">〇〇.〇〇㎡</td><td>〇年〇月〇日法による換地処分
他の換地　何番，何番
登記の日付：〇年〇月〇日</td></tr>
<tr><td colspan="2">1 番</td><td>宅　地</td><td colspan="2">〇〇.〇〇㎡</td><td></td></tr>
</table>

3:4:4:1:2　他の各換地の表題部

分割型換地があった土地の登記記録で従前地の表題部に換地情報の記録をしない他の換地（以下「他の各換地」という。）については，他の各換地ごとに新たな登記記録を作成し，各表題部に土地の表示及び他の換地の地番を記録しなければならない（登記規則８条３項）。

【記録例 12】

［他の換地］

<table>
<tr><td colspan="3">表題部</td><td>調製</td><td></td><td>不動産番号</td></tr>
<tr><td colspan="2">地図番号</td><td></td><td colspan="2">筆界特定</td><td></td></tr>
<tr><td>所　在</td><td colspan="5">〇〇市〇〇町何丁目</td></tr>
<tr><td colspan="2">①地　番</td><td>②地　目</td><td colspan="2">③地　積</td><td>原因及びその日付〔登記の日付〕</td></tr>
<tr><td colspan="2">何番</td><td>宅　地</td><td colspan="2">〇〇.〇〇㎡</td><td>〇年〇月〇日法による換地処分
他の換地　何番，何番
登記の日付：〇年〇月〇日</td></tr>
</table>

3:4:4:2　土地の権利部の記録

3:4:4:2:1　従前地の権利部に所有権の登記がある場合

①　従前地の登記記録を利用する換地

従前の１筆の土地に照応して数筆の換地が処分された場合の権利部の記

録の方法は，不登法が定めている分筆登記の記録の方法（不登規則102条）と同じである。従前地の1筆に照応した数筆の換地のうちの1筆に従前地の登記記録として所有権の登記がある場合は，その従前地の権利部の甲区の記録を用いる。

② 新たに作成する他の各換地

従前地の登記記録を利用しない他の各換地についての権利部の記録の方法も，不登法が定めている分筆登記における権利部の記録の方法（不登規則102条）と同じである。新たな登記記録の甲区に，従前地の登記記録から所有権の登記（所有権が移転している場合は，最新の所有権の移転登記）を転写し，かつ，職権で「法による換地処分により何番の土地の順位何番の登記を転写する旨（注）並びに申請の受付年月日及び受付番号」を記録しなければならない（登記規則8条4項）。

（注） 従前地のどの土地の登記記録から転写したものであるかを明らかにするため，転写した従前地に照応する換地を記録する。所有権の登記名義人表示が，従前地の登記記録あるいは申請情報の記録と一致していないときは，施行者が代位によって一致させておくため，事前に変更・更正登記の申請をしておく必要がある（登記令2条3号）。

【記録例13】

［他の換地］

権利部（甲区）			
順位番号	登記の目的	受付年月日・受付番号	権利者その他の事項
1	所有権移転	（省略）	所有者：○○　○○ 法による換地処分により何番の土地の順位何番の登記を転写 ○年○月○日受付第0000号

3:4:4:2:2　従前地の権利部に所有権及び地役権以外の権利に関する登記がある場合

① 従前地が換地とみなされているので，数筆の換地のうちの1筆の換地に

ついては，従前地の登記記録を用いる。従前地の登記記録に所有権及び地役権以外の権利に関する登記があるときは，権利に関する登記に，次の事項を記録しなければならない（登記規則８条２項）。

a　担保権以外の権利については，他の換地が共に権利の目的である旨

b　担保権については，既に共同担保目録が作成されているときを除き，新たに作成した共同担保目録の記号及び目録番号

c　法による換地処分により登記をする旨及びその年月日

②　その他の各換地については，次の事項を記録しなければならない（同条４項）。

a　新たな登記記録を作成した上（同条３項）

b　従前地の登記記録に所有権の登記があるときは，新たな登記記録の甲区に，従前地の登記記録から所有権に関する登記を転写

c　法による換地処分により登記をする旨並びに申請の受付の年月日及び受付番号

③　次に，換地の登記記録の権利部の相当区に，次の事項を記録しなければならない（同条５項前段）。

a　従前地の登記記録からその権利又は処分の制限に関する登記（抵当権の債権額増額等による変更登記があるときは，その変更後の事項）を転写

b　法による換地処分により登記をする旨及びその年月日

④　この場合，単に登記記録の転写をしただけでは，換地処分をしたことによって，従前地に登記されていた権利が他の各換地に分散されてしまうので，①と同じく，次の事項を記録しなければならない（同項後段，不登規則102条３項）。

a　担保権以外の権利については，他の換地が「共に権利の目的である」旨

b　担保権については，既に従前地にされたその担保権に係る共同担保目録が作成されているときを除き，新たに作成した共同担保目録の記号及び目録番号

3:4:4:2:3　共同担保又は共に権利の目的である旨の登記

前項の登記の記録方法は，従前地が，既に他の不動産と共に担保の目的になっていたか否か及び担保権以外の権利等の登記があるによって，次のように異なることに注意する。

①　従前地が他の不動産と共同担保の目的になっていない場合

従前地に記録されている担保権が，他の不動産と共同担保の目的になっていない場合は，換地処分を受けた各換地が共に担保の目的となる関係が生ずるので，登記官は，個々の不動産の表示を直接記録するのではなく，その不動産について共同担保目録を作成して（登記規則8条2項，不登規則102条1項，168条4項），その旨をその担保権の登記に記録する（登記規則8条5項後段）。

②　従前地が他の不動産と共同担保の目的になっている場合

従前地が他の不動産と共同担保の目的になっている場合に，この従前地について数筆の換地が定められたときは，登記官は，従前地の記録を従前地に照応して定められた数筆の換地に変更するために，次の事項を記録しなければならない（不登規則170条2項）。

a　その共同担保目録に，所定の事項（不登規則167条1項3号）

b　申請に係る権利が担保の目的となった旨並びに申請の受付の年月日及び受付番号（不登規則168条3項），

c　従前地の登記事項を抹消する記号

③　従前地に担保権以外の権利等の登記がある場合

換地の登記記録となる従前地に「権利等」に関する登記（すなわち担保権以外の権利の登記）があって，その従前地に照応して数筆の換地が定められていた場合は，他の換地が共にその権利の目的となるので，換地の登記記録の権利部の相当区に従前地の登記記録からその所有権に関する登記並びに担保権以外の権利に関する登記を転写する（登記規則8条4項，5項前段）。

この相当区に転写する担保権以外の権利は，換地処分によって従前地に登記されていた権利が，他の各換地に分散された権利となるため，従前地から各換地に転写した権利は，共にその権利の目的である旨の登記が必要になる（同条５項後段，不登規則102条３項）。

そこで，従前地については，その権利が他の換地と共に権利の目的である旨の付記登記をし（不登規則３条２号，168条４項），他の換地については，従前地の登記記録を転写し，「共同目的物件　何番の土地」と記録する。

【記録例14】　従前地の抵当権，賃借権

権利部（乙区）			
順位番号	登記の目的	受付年月日・受付番号	権利者その他の事項
1	抵当権設定	（省略）	（登記事項省略）
付記１号	１番抵当権変更		共同担保目録（あ）第〇〇〇号 法による換地処分 〇年〇月〇日付記
2	賃借権設定	（省略）	（登記事項省略）
付記１号	２番賃借権変更		共同目的物件　何番の土地 法による換地処分 〇年〇月〇日付記

【記録例15】　他の換地の抵当権，賃借権

権利部（乙区）			
順位番号	登記の目的	受付年月日・受付番号	権利者その他の事項
1	抵当権設定	（省略）	（登記事項省略） 法による換地処分により何番の土地の順位何番の登記を転写 共同担保目録（あ）第〇〇〇号 〇年〇月〇日
2	賃借権設定	（省略）	（登記事項省略） 法による換地処分により何番の土地の順位何番の登記を転写 共同目的物件　何番の土地 〇年〇月〇日

【記録例 16】　従前地の買戻特約の登記

権利部（甲区）			
順位番号	登記の目的	受付年月日・受付番号	権利者その他の事項
2	所有権移転（省略）	（省略）	（登記事項省略）
付記１号	買戻特約（省略）	（省略）	（登記事項省略）
付記１号の付記１号	買戻特約の変更		法による換地処分により何番の土地の順位何番の登記を転写 共同目的物件　何番の土地 ○年○月○日

3:4:5　不換地（換地を定めなかった場合）

換地を定めなかった場合（3:2:2:2）は，換地処分の効果が生じたとき（換地処分の公告のあった日の翌日）に，この換地を定めなかった従前地について存在する所有権，用益権，担保権等の権利は一切消滅するので（法 104 条 1 項），次のとおり登記する。

3:4:5:1　従前地の登記記録の表題部

「法による換地処分により換地が定められなかった」旨及びその日付を記録し，土地の表題部の登記事項を抹消する記録をして，登記記録を閉鎖しなければならない（登記規則 11 条 1 項）。この場合の登記の原因日付は，換地処分の公告日ではなく，他の登記と同様に公告日の翌日である。

3:4:5:2　共同目的の関係にある他の不動産

この場合に，従前地が他の不動産と共に既登記の所有権及び地役権以外の権利の目的となっていたときは，他の不動産の登記記録の権利部の相当区に，その土地の表示をして，「法による換地処分により換地が定められなかった」旨を付記し，かつ，その土地と共に所有権及び地役権以外の権利の共同目的物件である旨を記録した登記の中のその土地に係る記録を抹消する記号を記録しなければならない（登記規則 11 条 2 項前段）。

この場合に，その権利が担保権であるときは，共同担保目録に記録しなければならない（同項後段）。

3:4:5:3 登記所通知等

他の不動産が他の登記所の管轄区域内にあるときは，遅滞なく，前項の手続をすべき旨をその登記所に通知し，通知を受けた登記所の登記官は，遅滞なく，その登記手続をしなければならない（登記規則11条3項，4項）。

【記録例 17】 不換地

［従前地（換地）］

表題部			調製		不動産番号
地図番号			筆界特定		
所　在	○○市○○町○○字○○				
①地　番	②地　目	③地　積			原因及びその日付〔登記の日付〕
10番	宅　地	○○．○○㎡			○年○月○日法による換地処分による不換地 登記の日付：○年○月○日　同日閉鎖

【記録例 18】 不換地となった共同目的物件

権利部（乙区）			
順位番号	登記の目的	受付年月日・受付番号	権利者その他の事項
1	賃借権設定	（省略）	（登記事項省略） 共同目的物件 何番の土地
付記1号	1番賃借権変更		消滅物件 何番の土地 法の換地処分による不換地 ○年○月○日付記

3:4:6 宅地の部分を定められなかった場合

従前地における所有権及び地役権以外の権利又は処分の制限（権利等）に関する登記が「換地について目的となるべき宅地の部分を定められなかった（移行されなかった）場合」（注），その権利は，換地処分の公告があった日が終了した時に消滅する（法104条2項）。2項が，「所有権及び地役権以外の権利」に限定しているのは，所有権については同条1項で規定しており，地役権については同条4項に規定しているからである（3：4：3：1）。

これに該当する場合として，①著しく過小な過小宅地のため借地権の目的である宅地を定めることが適当でないと認められる場合（法92条3項），②立体換地において借地権者から金銭清算の申出がある場合（法93条3項）がある（3：2：2：2）。

これらの場合には，申請情報の内容である換地明細書の「記事」欄に，「○番賃借権・法第92条第3項の規定により金銭清算・法第104条第2項の規定により消滅」等と記載する。

既登記の権利が消滅した場合においてその登記の抹消をするときは，その権利に関する登記を抹消し，「法による換地処分により権利が消滅したので，その登記を抹消する」旨及びその年月日を記録しなければならない（登記規則12条）。

(注)「換地について目的となるべき宅地の部分を定められなかった場合」とは，換地自体は定められたが，換地のどの部分の権利があるかを指定されなかったということである。数筆の従前地1筆の換地が定められた場合で，従前地の1筆に権利があったときに，換地の特定の部分が定められなかった場合，このようなことが発生する（大場577）。

3：4：7　公共施設用地（宅地以外の土地に定めた場合）

換地を宅地以外の土地（公共施設の用に供されている国又は地方公共団体の所有する土地）に定めた場合は，その公告があった日が終了した時に公共施設用地について存在する従前の権利は消滅する（法105条2項）。消滅することとしておかないと，同一の土地の上に従前地上の権利と換地上の権利が共に存在することになってしまうからである（3：2：2：9）。

① 登記官は，従前の公共施設用地の登記記録の表題部に「法105条2項の規定により権利が消滅した」旨及び土地の表題部の登記事項を抹消する記号を記録し，登記記録を閉鎖しなければならない（登記規則13条1項）。この場合の登記の原因日付も，換地処分の公告日ではなく，他の登記と同様に公告日の翌日であると解されている（【記録例11】参照）。

② その土地が他の不動産と共に既登記の所有権及び地役権以外の権利の目的となっていたときは，他の不動産の登記記録の権利部の相当区に，その土地の表示を記録し，「法第105条第2項の規定により権利が消滅した」旨（換地が定められなかった旨）を付記し，かつ，その土地と共に所有権及び地役権以外の権利の目的である旨を記録した登記のうち，その土地に係る記録を抹消する記号を記録しなければならない（同条2項）。この場合に所有権及び地役権以外の権利が担保権であるときは，その記録は，共同担保目録にしなければならない（登記規則11条2項後段）。(注)

③ 他の不動産が他の登記所の管轄に属する場合には，登記官は，その旨をその登記所に通知し，通知を受けた登記所の登記官は，その登記手続をしなければならない（登記規則13条3項・11条3項，4項）。

(注) 登記規則13条3項は，11条3項及び4項の規定を準用しているが，同条2項後段の規定は準用していない。しかし，これを類推適用すべきであると考える。

【記録例19】 宅地以外の土地に定めた

表題部		調製		不動産番号
地図番号		筆界特定		
所　在	○○市○○町○○字○○			
①地　番	②地　目	③地　積		原因及びその日付〔登記の日付〕
○番	宅　地	○○．○○㎡		○年○月○日法第105条第2項の規定により所有権消滅 登記の日付：○年○月○日　同日閉鎖

3:4:8 保留地等が定められた場合

3:4:8:1 保留地に関する登記

① 保留地の登記を申請するに当たって，次の場合などには，照応すべき従前地が存しないので，申請情報の内容である換地明細書の「従前地」欄には記載しない。

a 創設換地を定めた場合（法95条3項）

b　参加組合員に宅地を与える場合（法95条の2）

c　保留地を定めた場合（法96条1項，2項）

d　公営住宅等の用に供する場合（大都市法2条，被災法17条1項）

e　廃止される公共施設に代わる公共施設の用地を定めた場合（法105条3項）

② 「所有者の住所及び氏名」欄には，所有者となる施行者，国又は地方公共団体を表示し，「記事」欄に「法第95条第3項の規定による創設換地」，「法第96条2項による保留地」又は「法第105条第3項の規定により帰属」などと記録する。

③ 保留地が定められたことによる登記の申請があった場合は，新たに表題登記をする。登記の原因は，「年月日法による換地処分」（原因日付は換地処分の公告日の翌日）と記録する。

④ 保留地の所有権の保存登記は，換地処分による登記完了後に申請しなければならない。この場合の登録免許税は，原則として非課税である（登免税法5条6号）。ただし，参加組合員が取得する宅地に係る保存登記並びに施行者が宅地の所有権又は借地権を有する者の同意を得て事業をする場合において施行者が取得する保留地に係る保存登記及び施行者が取得した保留地の処分に係る登記については課税される（登免税令3条）。

なお，個人施行者が取得する保留地（法104条11項）の所有権の保存登記を申請する場合は，都道府県知事の個人施行者保留地登記証明書を添付することとされている（運用指針Ⅴ2(3)別記様式第3）。

【換地明細書】（抄）記事欄

［換地処分後の土地］

- 法第96条第2項の規定による保留地
- 法第105条第1項（若しくは第3項）の規定により所有権帰属

【記録例20】 保留地（法96条2項）

表題部			調製		不動産番号
地図番号			筆界特定		
所　在	○○市○○町○丁目				
①地　番	②地　目	③地　積			原因及びその日付〔登記の日付〕
○番	宅　地	○○.○○㎡			○年○月○日法による換地処分 登記の日付：○年○月○日 所有者　○○市

3:4:8:2 保留地の売買

① 保留地は，換地処分の公告があった日の翌日に施行者等が取得するものであり，それまでは，施行者は，使用収益権のみを有している。したがって，換地処分前における保留地の売買は，他人の権利の売買となり（民法560条以下），施行者が有する使用収益権を買主に付与する契約と，換地処分により施行者が保留地の所有権を取得することを停止条件とする土地の譲渡契約をしたものと解される。

保留地の多くは，事業費を得るために換地処分前に処分されるが，買受人への所有権の移転登記は，換地処分に伴う登記手続が完了するまではすることができないので，施行者は，「保留地台帳」によりその権利を管理している。

② 個人，組合及び区画整理会社以外の施行者は，施行規程に規定した保留地の処分方法に従わなければならない（法53条2項6号）。ただし，一般の公有財産の処分と異なり，帰属主体である国，都道府県，市町村，それぞれの財産処分に関する法令の規定は適用されない（法108条1項後段）。このような規定が設けられたのは，国や地方公共団体における一般財源と区別し，かつ，処分方法を簡潔にする必要があるためである。

【判例14】 保留地の規約違反の譲渡

「替費地（保留地と同義語）の買受人が，その処分について組合の承認を要する旨の組合規約に違反して譲渡したときは，その所有権移転の効力は生じない」（東京地判昭 30.12. 2 下民集 6 -12-2553）。

【判例 15】　保留地の処分

施行者である市が取得した保留地について，施行規程所定の要件がないのに随意契約の方法によって，時価より低廉な価格で売却した違法があるとして住民訴訟が提起され事件について，原審は，住民訴訟の対象である財産の処分及び契約の締結に当たらないため不適法であると判断した。これに対して，最高裁は，「市がその施行する土地区画整理事業において法 96 条 2 項，104 条 11 項に基づいて取得した保留地を随意契約の方法により売却する行為は，住民訴訟の対象となる「財産の処分」及び「契約の締結」に当たる」として，原審に差し戻した（最一小判平 10.11.12 民集 52- 8 -1705）。

【判例 16】　保留地予定地の二重譲渡

保留地の予定地も売買の対象となり，この売買の性質は，換地処分により施行者が保留地の所有権を取得することを停止条件として所有権の移転の効果を発生させる合意と施行者が現に有する保留地予定地の使用収益権を譲渡する合意との混合契約とするのが多数説である。

本判例は，これを前提にして，保留地予定地の二重譲渡があった場合，施行者の保存登記がされた後，早くこれに基づく所有権の移転登記を受けた買主は，他の買主に優先するとした（東京地判昭 54. 9 .18 判時 956-80）。

Q2　換地処分の公告があった日の翌日より前の日を売買の登記原因とする所有権の移転登記

甲は，その所有する土地（従前地）を乙に売り渡したが，その所有権の移転登記が未了のうちに換地処分の公告（法 103 条 4 項）があり，甲を所有者とする（換地）登記がされている。この場合において，同土地について，換地処分の公告があった日の翌日（法 104 条 1 項）より前に従前地の売買があったとして，公告の日の翌日前の売買及びその日付を登記原因及びその日付として所有権の移転登記をすることはできるか。

A できる。

① 「換地計画において定められた換地は，その公告があった日の翌日から従前の宅地とみなされる」（法104条1項）。「従前の宅地（従前地）とみなされる」とは，従前地の所有権はもちろん，賃貸権・地上権・抵当権又は処分の制限などの権利関係は，対抗要件の有無にかかわらず，同一の内容をもって，すべての換地の上に存続するということである。

② 従前地についての甲乙間の売買契約が有効であれば，乙は，実体的に従前地の所有権を取得する。ただし，その所有権の移転登記をしていないため，乙には対抗要件が備えられていない。そして，従前地については，その所有者として登記されていた甲を換地の所有者として換地処分の公告（法103条4項）がされたことにより，公告の翌日から，従前地についての甲の登記名義人としての地位はもちろんのこと，実体上の所有者である乙の所有権も消滅する。

③ 換地については，換地処分の効力が生ずることによって所有権の対象となり，換地処分の登記により，甲がその登記名義人となっている。しかし，乙が有していた従前地に対する所有権は，法104条1項の規定により，それが未登記であったとしても換地に存続するので，実体的には乙が換地の所有権を有しているのである。

④ 法103条4項の公告がされたことにより，従前地の権利関係は消滅し，その権利関係は換地について存続することになる。これは，従前地についての権利関係がそのまま換地に移行することを意味し，新たな権利が発生することと異なるものである。すなわち，登記記録上，換地処分の効力が生じた日（法103条4項の公告の日の翌日）が記録されていても，それは，必ずしも権利の変動を公示するものではないから，その日より前の甲から乙への所有権の移転を公示することができると考えられる。

そうすると，乙が換地の所有権を取得したのは，甲から乙への従前地の売買契約によるものであるから，乙の所有権の公示方法は，甲から乙への所有権の移転登記であり，その登記原因の日付は，換地処分の効力が生じた日前の従前地の売買契約の日として差し支えないということになる。

⑤　したがって，法103条4項の公告があった土地について，その効力が生ずる公告の日の翌日前の売買及びその日付を登記原因及びその日付とする所有権の移転登記をすることができると考える（カウンター相談204・登研738-179）。

3:4:8:3　参加組合員に与えられるべき宅地の権利移転

組合の定款で施行地区内の土地が参加組合員に与えられるように定めているとき（法40条の2）は，一定の土地を換地として定めないで，その土地を当該参加組合員に対して与えられるべき宅地として定めなければならない（法95条の2）。その宅地は，換地処分の公告があった日の翌日に，参加組合員が取得する（法104条10項）。

この宅地は，保留地として定められたその処分金が事業費に充てられるもののうち，その価額が参加組合員の負担金に相当する分について，施行者を経由することなく，直接，換地処分の公告の翌日に参加組合員が原始取得するように定款に定められた宅地であり，換地処分により確定する。

この宅地に係る保存登記は，非課税の対象に含まれていない（登免税令2条の2）。

3:4:8:4　保留地の転売

法は，保留地の転売は想定していないが，事業終了まで長期間を要するため，転売が必要なこともある。そこで，施行者は，保留地に関する権利を管理するために「保留地台帳」を備えて，その権利を管理している。

保留地については，換地処分後に，施行者から保留地取得者に所有権の移転登記をするが，換地処分公告前に保留地の取得権利が第三者に譲渡された場合には，従前の取得者を省略して施行者から保留地台帳に記録された所有者に対して移転登記をすることもできる。

なぜなら，保留地の所有権は，換地処分の公告の日の翌日に発生するのであって，それ以前のいわゆる保留地の売買契約は，前述のとおり（3:4:8:2①），施行者が換地処分の結果，その保留地の所有権を取得することを停止条件とする土地の譲渡契約及び保留地の使用収益を付与する契約であり，その契約は，中間省略（所有権移転）登記の原因となる契約ではないといえるからである。

Q3 換地処分公告前に乙に売り渡された保留地が丙に転売された場合にする所有権の移転登記申請に添付すべき登記原因証明情報

土地区画整理事業施行地区内の保留地について，(1)換地処分公告前に，施行者である甲土地区画整理組合（以下「甲組合」という。）と不動産取引業者である乙株式会社（以下「乙社」という。）との間で売買契約が締結し，(2)乙社が第三者丙との間で，売買契約における買主の地位を丙に譲渡する契約を締結した。(3)そして，換地処分公告後に，甲組合と丙とが共同でこの保留地の所有権を丙に直接移転することを内容とする所有権の移転登記の申請をすることになった。

この場合，所有権の移転登記に申請に添付すべき登記原因証明情報は，どのような内容とすべきか。

A 換地計画においては，その事業の施行費用に充てる等の目的で，一定の土地を換地として定めないで，「保留地」とすることができる（法96条1項，2項）。保留地には，換地と異なり従前の所有者は存在しない。保留地の所有権は，換地処分があった旨の公告があった日の翌日において，事業施行者が取得する（法104条11項）。保留地は，従前地に対応して定められる換地ではなく，一定の目的のために新たに設けられた土地であって，一種の創設換地であるといえる。本件は，換地処分公告前に保留地（予定地）が甲組合から乙社に売却（売買契約締結）されている事案である。

① 保留地予定地の売買については，明文の規定がないにもかかわらず，現実にはよく行われており，この売買の性質を「施行者の有する保留地予定地の使用収益権を買主に譲渡する契約と将来換地処分公告がされることを停止条件として所有権の移転の効果を発生させる混合契約」であるとして，売買の対象としている。

② 本件では，保留地の譲受（予定）人である乙社が第三者丙との間で，

保留地の売買契約における買主の地位を丙に譲渡する契約を締結している。換地公告前は，保留地は存在しないから，乙社は所有者ではない。したがって，乙社は，丙に対して，保留地そのものではなく，買主として有している権利義務の全部を譲渡するということである。

乙社が丙と買主の地位の譲渡契約をすることについて売主（甲組合）の同意があれば，丙は，契約当事者が有する権利関係を一括承継し，甲組合と乙社の売買契約の契約当事者（買主）となり，換地公告により保留地が生じたときに甲組合から直接移転を受けることになる。

③　この「買主の地位の譲渡」についての先例としては，「第三者のためにする売買契約の売主から当該第三者への直接の所有権の移転の登記の申請又は買主の地位を譲渡した場合における売主から買主の地位の譲受人への直接の所有権の移転の登記の申請の可否について」（平19.1.12民二52号民事局第二課長通知）がある。

これによれば，本件の登記原因証明情報としては，次の情報が必要である。

a　甲組合と乙社との売買契約書

b　乙社と丙との買主の地位の譲渡契約書

c　丙への買主の地位の譲渡についての甲組合の同意書

このような書面がないときは，この三つの契約・同意の内容が分かる当事者が作成した書面でもよいし，仮に当事者が契約書等を提供できない場合は，報告的な登記原因証明情報を作成し，提供することもできる。

④　本通知で示されている後記ひな型には，当事者全員である登記義務者甲，買主の地位の譲渡人乙，登記権利者丙の記名押印があるが，仮に，記名押印が登記義務者甲のみにある場合はどうか。確かに，乙については，丙が買主の地位を譲り受けた事実の真正を担保するために記名押印が必要であるし，後日の紛争防止のために丙の記名押印があることが望ましい。

しかし，登記権利者である丙の記名押印がなくても申請を却下することはできないのは当然である。また，乙社については，「施行地区内の宅地について所有権以外の権利で登記のないものを有し，又は有することとなった者は，当該権利の存する宅地の所有者若しくは当該権利の目的である権利を有する者と連署し，又は当該権利を証する書類（契約書，地代の領収書など）を添えて，書面をもってその権利の種類及び内容を施行者に申告しなければならない。」（法85条1項，規則23条2項別記様式第十）。

したがって，この事業による不動産の権利関係の帰属等について，法律上の根拠をもって把握する立場にあることを考慮すれば，甲組合の記名押印により報告的な登記原因証明情報の内容である登記原因を確認することができる。したがって，乙社の記名押印がなくとも登記申請を却下することはできない。もちろん，甲組合と乙社間の登記原因証明情報と乙社と丙間の登記原因証明情報が別々に提供された場合は，乙社と丙間の登記原因証明情報には，乙社の記名押印が必要である。

⑤　本事例は，土地区画整理事業の事案で，かつ，本件登記原因証明情報の証明者（登記義務者）が，土地区画整理組合であったから肯定できるのであって，一般には，当事者の記名押印の省略は，認められていないと解する（登研723-165，724-151）。

【添付情報】　登記原因証明情報

登　　記　　申　　請　　書（抄）

1　登記の目的　　所有権移転

2　登記の原因　　○年○月○日売買

3　当事者　　　　権利者　　　丙

　　　　　　　　　義務者　　　甲土地区画整理組合

　　　　　　　　　買主の地位の譲渡人　乙株式会社

4　不動産の表示　所　在　○市○町○丁目

　　　　　　　　　地　番　○番

　　　　　　　　　地　目　宅地

　　　　　　　　　地　積　○○○．○○平方メートル

　　　　　　　　　（保留地の表示　街区番号　○○○　符号　□□）

5　登記の原因となる事実又は法律行為

(1)　甲は，乙に対し，○年○月○日，「甲土地区画整理事業」施行地区内の保留地である上記不動産（以下「本件不動産」という。）を売り渡す旨の契約を締結した。

(2)　(1)の契約には，乙がその権利（地位）を第三者に譲渡する場合には，当該第三者（譲受人）とともに連署して権利（地位）の譲渡について甲に申告をして，その承認を得ること及び譲受人（第三者）は，(1)の契約に係る乙の権利義務のすべてを承継することを誓約することについて特約が付されている。

(3)　乙は，丙との間で，○年○月○日，(1)の売買契約における買主としての地位を丙に売買により譲渡する旨を約するとともに，丙が乙の権利義務を承継することを約し，乙及び丙は，甲に対して，その旨を申告したところ，○年○月○日，甲は，これを承諾した。

(4)　甲土地区画整理事業による換地処分の公告は○年○月○日にされ，同月○日，甲は，本件不動産の所有権を取得したため，同日をもって本件不動産の所有権は，甲から丙に移転した。

上記登記原因のとおり相違ありません。

権　利　者（買主）　丙　印

義　務　者（売主）　甲土地区画整理組合

代表理事　○○　○○　印

買主の地位の譲渡人　乙株式会社

代表取締役　○○　○○　印

3:4:8:5　保留地に建物を建築したとき

3:4:8:5:1　抵当権の設定登記

保留地については，換地処分が行われるまで所有権登記ができないので，抵当権の設定登記もできない。いったん建物のみについて設定登記をし，後に土地について追加設定登記をすることになる。そのため，融資については，施行者と金融機関が連携することが要請される。

3:4:8:5:2　区分建物の敷地権

保留地を購入する者には，換地処分まで使用収益権が認められているので，その上に建物を建築することはできるが，従前地という概念はないから，土地の所有権を取得することはできない。したがって，この保留地は，敷地権の目的である土地には該当しないので，敷地権の登記はできない。換地処分によって所有権取得の登記を得てから，敷地権である旨の登記をすることになる。

3:4:9　換地処分に伴う敷地権付き区分建物に関する登記手続

3:4:9:1　合併型換地の場合

換地計画において従前の数個の土地に照応して１個の換地が定められた場合（3：4：2，登記令11条，12条，登記規則７条）は，次の点に留意する。

① 合筆の登記で禁止されている要件が適用されるから（不登法41条，不登規則105条），敷地権である旨の登記がある土地と敷地権である旨の登記のない土地及び敷地権である旨の登記がある土地で敷地権割合が同一でない土地については，合筆換地をすることができない。ただし，従前の各土地が隣接した土地である必要はない。

② 合筆換地がされた場合において，従前地のすべての土地について同一内容の敷地権（地上権及び賃借権の場合には，同日付けで設定されている場合に限る。）についての敷地権である旨の登記があるときは，１個の換地として取り扱って差し支えない。この場合は，次の登記をする（平６.12.21民三8669号民事局長回答）。

a　敷地権が共有持分の全部又は所有権の一部であるときは，区分建物の表題部中敷地権の表示欄にし，併せて，換地の表示をした土地の登記記録中権利部甲区に主登記により敷地権である旨の登記（３番の登記）として「３番登記は換地の全部に関する」旨の登記をする。

b　敷地権が地上権又は賃借権であるときは，換地の表示をした土地の登記記録中権利部乙区の地上権又は賃借権の（１番）登記に，「１番登記は換地の全部に関する」旨を付記すると共に，主登記により敷地権である旨の登記（2番の登記）として「2番登記は換地の全部に関する」旨の登記をする。

3:4:9:2　分割型換地の場合

換地計画において従前の1個の土地に照応して数個の換地が定められた場合（3：4：4，登記規則8条）は，次の点に留意する。

① 換地処分により1筆対数筆換地（分割型）がされた結果，建物の所在しない土地となった換地は，換地処分によりみなし規約敷地となったものとして取り扱う（マン法5条2項，質疑59-1）。

② 敷地権の目的である土地が換地処分により変更されたときは，施行者が土地の表題部の変更登記を申請するのではなく，分筆の場合に準じて，職権でするのが相当である（質疑59-27）。

Q4　仮換地上の区分建物のみに抵当権設定登記をした場合

仮換地上に建築された区分建物（1：6）で，従前地に登記した敷地利用権があるにもかかわらず敷地権の登記をせず，区分建物に抵当権設定の登記をした後に敷地利用権があることが判明した場合は，抵当権設定登記を抹消し，敷地権の更正登記をした上で再度抵当権設定の登記をすべきと考えるが，いかがか。

A　区分建物の抵当権設定登記に建物のみに関する旨の付記をするので，抵当権を抹消する必要はない（質疑59-31）。

Q5　分割換地と敷地権の登記

甲が仮換地に賃貸マンションを建築する目的で土地（従前地）の所有者乙から持分2分の1の所有権を取得してマンションを建て，敷地権の登記も完了した。

その後，換地処分により，この土地は，マンション敷地（1番）とその他の土地（２番）に分割換地がされた。この場合，１番の土地を甲（又は区分所有者）所有に，２番の土地を乙所有にするには，どうすればよいか。

A １番及び２番の土地について分離処分可能規約を設定し，建物の表題部の変更登記により敷地権を抹消した後，それぞれ共有物分割の登記を行い，その上で改めてマンションの敷地について敷地権の登記をする。具体的には，次のような登記手続をすることになる（新QA5-390)。

① １番の土地の表題部に換地後の地番，地積等を記録する。そして，２番の土地の登記記録の表題部に１番の土地に登記されている区分建物と一体化した敷地権である旨の登記（所有権２分の１）等を転写する。

② 一棟の建物の表題部中「敷地権の目的である土地の表示欄」及び区分建物の表題部中「敷地権の表示欄」に土地の分筆登記の例（通達記録例17）により記録する。これによって２番の土地は，みなし規約敷地（マン法５条２項）として取り扱われる。

なお，区分建物の所在地番の変更は，換地処分による土地の登記の申請と併せて施行者が申請し（法107条２項，登記令15条），表題部に記録する。

③ １番２番の土地には，「敷地権である旨」の登記があるから，土地の所有権を移転するために，公正証書により分離処分可能規約を作成し（マン法22条１項ただし書），甲がこの規約設定証明情報を提供して（不登令別表十五添付ハ），建物の表題部の変更登記を申請する（不登法51条１項）。これにより，一棟の建物の表題部中「敷地権の目的である土地の表示」及び区分建物の表題部中「敷地権の表示」を抹消し，敷地権の目的である土地についてした敷地権である旨の登記を抹消する（不登規則124条１項）。

④ 共有物分割を登記原因として，１番の土地の乙の持分２分の１を甲に移転し，２番の土地の甲の持分２分の１を乙に移転して，各土地を単独所有とする。

⑤ 甲は，分離処分可能規約を廃止したことを証する情報を提供して

（不登令別表十五添付ニ），建物の表題部の変更登記を申請する（不登法51条1項）。この申請により，敷地権の登記がされる。

3：5　地役権に関する登記

施行地区内の従前地に存在していた所有権及び地役権以外の権利又は処分の制限（「権利等」3：4：3：1）については，換地処分の公告があった日の翌日からその換地に存続するものとされている。しかし，その権利が地役権である場合は，その性質からみて，他の権利と同様に解することはできない。事業施行の結果，その地役権を行使し，利益を受ける必要がなくなって消滅するか，又は従前地（底地）の上に存続する（法104条4項）かのいずれかである。地役権は，特定の土地に専属するものであるからである。したがって，地役権は，これらの権利等の目的となるべき宅地又はその部分の指定されるべき権利から除外されている（同条2項）。

しかし，地役権が要役地地役権である場合には，1筆の土地の一部に存在することはあり得ない（不登法41条6号）から，法104条2項にいう「所有権及び地役権以外の権利」の登記に当たるものとして，換地計画において要役地地役権が存続すべき宅地又はその部分を指定しなければならないと解される。

すなわち，法104条2項の規定によって除外されるのは，承役地についてする地役権に限られ（不登規則105条1号），要役地の地役権者は，法113条1項により地役権の対価の減額があった場合を除き，その利益を保存する範囲内において地役権の設定を請求することができるのである（法115条）（注）。ただし，地役権の対価の減額（法113条1項）があったときは，することができない（同項ただし書）。

なお，この請求権が発生するのは，換地処分後ではなく，仮換地の指定による使用収益開始の時からと解するが，請求権発生の時期についての法の定めはない。また，換地処分の公告があった日から起算して2月を経過した日後は，することができない（法 117 条）。

(注)　例えば，自動車で通行できたのが，徒歩通行しかできなくなった者は，利益を保存する範囲内（自動車通行）の地役権の設定を請求することができる。

3:5:1　換地処分に伴う地役権の処理

施行地区内の宅地に存在する地役権は，換地処分による公告（法 103 条 4 項）があった日の翌日以後においても，なお従前地の上に存在するから（法 104 条 4 項），換地処分をする場合，従前地に設定された地役権を換地処分後の土地に適合させるための作業が必要となる。

換地処分に伴う地役権の処理については，二つの方法がある。一つは，従前地上の地役権を存続させ，それを変更する登記によって権利関係を記録する方法（以下「存続方式」という。）である。この方式は，法 104 条 4 項を根拠とする。

もう一つは，従前地上の地役権をいったん消滅させ，換地処分後直ちに地役権の設定登記によって権利関係を記録する方法（以下「消滅・設定方式」という。）である。

この問題は，送電線地役権について，そのいずれを採用するかの検討課題となることが多い。

3:5:1:1　存続方式

存続方式は，地役権の性質及び法 104 条 4 項の趣旨に合致するが，この方式による地役権の変更は，登記に付記する方法でされるから，登記記録（地役権図面を含む。）が複雑になる。また，公共用道水路が換地処分によって民有地となった場合などには，新たに地役権を設定する必要が生ずる一方，民有地が公共用道水路となった場合には，地役権を消滅させることが要請される。しかも，地役権の設定範囲を同一にすることに多くの手数がかかる。

もっとも，行政財産については，その用途又は目的を妨げない限度において地役権の設定が可能となり（国財法 18 条 2 項 6 号，地自法 238 条の 4 第 2 項 6 号），存続方式による地役権の処理の煩雑さは解消されている（注）。また，国が買収した土地（旧農地法 52 条）について送電線の要役地地役権があるときは，その権利は消滅しない（旧同法54条）。

しかし，従前地に抵当権が設定されていて，換地上にその抵当権に遅れて地役権が設定されていると，換地処分によって地役権は抵当権に劣後して，地役権者は，抵当権の実行により，承役地の買受人に対して優先的地位を主張できなくなるのではないかという課題が残る。

なお，存続方式には，従前地（数筆）に存在していた地役権の各一部を換地に存続させる「方位地役権」（地役権の範囲を表示する地役権図面を必要とする。）と重ね図により1筆全部（数筆に区分される。）に地役権を存続させるように分筆登記をした上で換地を定める「全部地役権」がある。

【図4の1】　方位地役権設定

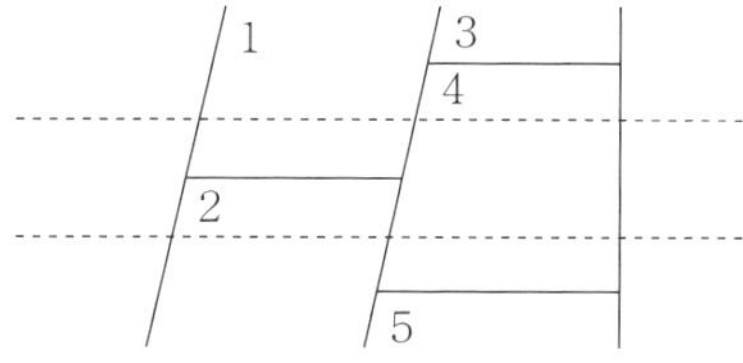

（1番の一部，2番の一部，4番の一部に設定）

【図4の2】　全部地役権設定

1の1
3
4の1
1の2
4の2
2の1
4の3
2の2
5

（1番の2，2番の1，4番の2に設定）

（注）旧農地法は，国が買収した未墾地等（旧法52条）について送電線の要役地地役権等があるときは，その権利は消滅しないとしていた（旧法54条2項）。改正農地法（平成21年法律57号）は，未墾地等を規定した第3章を削除したが，改正法施行前に設定されたものとみなされた地役権については，なお，従前の例によるとしている（同法附則6条1項）。

3:5:1:2　消滅・設定方式

消滅・設定方式は，施行者と土地所有者及び要役地役権者（電力会社など）並びに登記官が合意した上で従前地の地役権をいったん消滅させ，換地処分後直ちに新しく地役権を設定するもので，手続は，比較的容易である。

しかし，この方式では，地役権消滅後直ちに換地処分をし，その後に地役権を設定するため，地役権設定期間に空白が生ずる。実務では，この空白期間の存在に伴う不都合を回避するための契約をあらかじめ締結する場合も多いが，地役権設定の空白を理論的に埋めることはできない。

また，従前地の地役権よりも後順位の抵当権が設定されていた場合，換地処分によっていったん地役権を消滅させてしまうと，後順位抵当権が先順位となるため，再設定した地役権が抵当権の後順位となり，その結果，地役権者は，抵当権の実行によって承役地の買受人に対して優先的地位を主張できなくなるのではないかという問題が残る（宮崎淳「換地処分によって抵当権に劣後する送電線地役権の保護」創価法学 37-2／3-121）。

3:5:1:3　未登記通行地役権の対抗力

これら両方式における地役権が具体的な問題となるのは，地役権が承役地の譲受人に対抗力を有するためには登記を必要とするか，ということである。

通行地役権は，そのほとんどが要役地所有者と承役地所有者間において黙示的に合意されており，登記も経由されていないことが多い。このような状況において，通行地役権と承役地の所有権を対抗問題として捉え，未登記地役権は承役地の譲受人に対抗できないと解すると，要役地所有者の生活利益が著しく損なわれることになる。

そのため，実務は，この問題を原則として対抗問題と理解した上で，承役地の譲受人は，民法 177 条の「第三者」に該当しないという例外を広く認容し，登記のない地役権を保護してきた。そして，最高裁は，「通行地役権（通行を目的とする地役権）の承役地が譲渡された場合において，譲渡の時に，右承役地が要役地の所有者によって継続的に通路として使用されていることがその位置，形状，構造等の物理的状況から客観的に明らかであり，かつ，譲受人がそのことを認識していたか又は認識することが可能であったときは，譲受人は，通行地役権が設定されていることを知らなかったとしても，特段の事情がない限り，地役権設定登記の欠缺を主張するについて正当な利益を有する第三者に当たらないと解するのが相当である。」とした（最二小判平 10. 2 .13 民集 52-1-65）。また，この判決では判断されなかった地役権者からの登記手続請求権についても，その後認容している（最二小判平 12.12.18 民集 52-9-1975）。

その後，担保不動産が競売に付された場合についても登記のない通行地役権は，これに対抗できると判示している（最三小判平 25.2.26 民集 67-2-297）。

3:5:1:4　送電線地役権の継続性と外部認識性

① 通行地役権は，承役地を通行するために設定される地役権であるが，送電線地役権は，送電線敷設のために設定される地役権である。両地役権の大きな違いは，継続性と外部認識性にある。継続性とは，地役権の内容である土地の利用が間断なく続いていることをいい，外部認識性とは，土地利用の継続を外部から認識できることをいう。

② 通行地役権が継続性の要件を充足するには，承役地の上に通路を開設し，しかもその要役地所有者によって開設されたことが必要である（大審判昭 2.9.19 民集 14-1965）。これに対して，送電線地役権は，物理的な送電線施設がなければ目的が達成できないから，送電線が存在する限り継続性があるといえる。

③ 通行地役権は，通路の開設によって外部から認識できる状態となるが，送電線地役権は，送電線が地中に埋設されている場合以外は，送電線の架設により外部認識性は明らかである。

したがって，送電線地役権については，設定されていることを知らないで承役地を取得することは，まずあり得ない。また，抵当権の実行によって不動産を競売する場合には，執行裁判所が，執行官に対して，不動産の形状，占有関係，その他の現況について，調査を命ずるから（民執法 57 条 1 項），送電線地役権が設定されていることを知らないで承役地を買い受けることもない。

したがって，買受人が送電線地役権者に対して地役権設定登記の欠缺を主張することは，信義則に反して許されないということになる。送電線地役権者は，承役地の買受人に対して，原則として，登記なくして対抗することができ，さらに，地役権設定登記手続を請求することもできると解されている。

④　電力会社は，地役権ではなく地上権又は賃借権によって建築物の制限及び送電線の保全のための土地の立入りを確保しているケース（目的：電線路の障害となる工作物を設置しない。）もあるが，賃貸借の登記をしているものはまれのようである。

3：5：2　従前地に登記されていた地役権が消滅した場合

①　換地処分によって，従前地に存在していた地役権は，要役地との関係から，必ずしも換地に移行するとは限らない。換地された土地の同位置に当たる事業前の土地（底地）に登記してあった地役権を行使する利益がなくなったときは，要役地及び承役地の地役権の消滅の登記を申請しなければならない（3：2：2：6：1②)。

例えば，地役権の目的が通行権のように要役地の通行のために設定していた場合は，区画整理事業が行われることによって，地役権を設定する必要はなくなるから，従前地に設定していた地役権は，換地に移行しないで消滅する（登記規則6条4項，14条2項)。

承役地の抹消の登記原因は，「法による換地処分により消滅○年○月○日」と記録し，要役地の登記原因は，「承役地地役権抹消○年○月○日」と記録する。

②　保留地（法96条1項，2項）等又は公共施設の用に供することとなった土地（法105条1項，3項）に地役権の登記がある場合において，その地役権が換地処分によって消滅したときも，承役地及び要役地の各乙区に，「法による換地処分により消滅した」旨及びその年月日を記録しなければならない（登記規則14条2項・6条4項)。ただし，要役地については，「承役地地役権抹消」と記録するのが例である。(注)

③　登記官は，承役地に地役権の設定の登記をしたときは，要役地について，職権で，「要役地の地役権の登記である旨」（不登規則159条1項1号）等を「相当区」（旧不登法114条1項，3項（登記規則8条5項，11条2項，13条2項などは「権利部の相当区」という。)）に登記しなければならない（不登法80

条4項）。

この場合，「権利部の相当区とは，乙土地（要役地）の（地上権の場合もあるが）所有権が便益を受けるから，甲区であり，そこに登記される」という見解があるが（山野目 411），不登規則 159 条５項のとおり，乙区に記録すべきである（幾代 259）。地役権者が地上権者の場合はいうまでもない。

（注）　承役地数筆の内の１筆のみ消滅する場合は，次の事項を記録する。

１付記１号　１番要役地地役権変更
消滅物件　何番
法による換地処分により消滅
○年○月○日付記

【換地明細書】（抄）記事欄
「何番地役権・法第 104 条第５項の規定により消滅」

【記録例 21】

［承役地・従前地：底地］

権利部（乙区）			
順位番号	登記の目的	受付年月日・受付番号	権利者その他の事項
1	地役権設定	（省略）	（事項省略）
2	１番地役権抹消	（省略）	法による換地処分により消滅 ○年○月○日登記

［要役地・従前地］

権利部（乙区）			
順位番号	登記の目的	受付年月日・受付番号	権利者その他の事項
1	要役地地役権		（事項省略）
2	１番要役地地役権抹消		承役地地役権抹消 ○年○月○日登記

3:5:3　１筆対１筆型換地で地役権が存続する場合

１筆対１筆型換地の場合において換地と定められた土地（底地）又は保留地等と定められた土地（底地）に地役権に関する登記があり，換地処分後も存続するか否かについては，従前地と換地図を重ねてみて判断する。存続するとなれば，その地役権を移記する必要がある（3:2:2:3）。

また，従前地に存在していた地役権（承役地）が換地処分後も重ね図の換地と定められた土地（底地）に存続する場合において，存続する範囲が換地として構成されている１筆の土地の一部であるときは，重ね図の底地の登記事項を重ね図上の換地に移記した上で範囲の変更登記をする必要がある。

地役権が存続する場合は，その土地（底地）の登記記録から（その底地を換地と定めた）従前地又は保留地等の登記記録の乙区に地役権の登記を移記し，「法による換地処分により何番の土地（地役権の登記がされていた従前地に照応する換地）の登記記録から移記」した旨及びその「年月日」を記録しなければならない（登記規則６条２項前段）。

この場合，換地処分により，その登記中に記録した要役地又は承役地の表示，地役権の範囲又は地役権の存在する土地の部分が変更したときは，その変更を付記し，これに相当する変更前の事項を抹消する記号を記録しなければならない（同項後段）。

もっとも，通行地役権及び用水地役権については，区画整理事業によって不要となり，同一範囲に地役権が存続する場合は，ほとんどない。

① 【図５】の例のように地役権の登記がない従前地（壱壱番）に照応する換地（５番）が交付され，換地（５番）の底地である従前地（壱四番）の中央部には承役地地役権が設定されており，その地役権が存続する場合は，換地（５番）に地役権が存続する。

この場合は，従前地（壱四番）の登記記録の乙区に「法による換地処分により（順位１番の登記を）５番の土地（換地）の登記記録に移記」した旨及びその年月日を記録し，５番の登記記録の乙区に「法による換地処分により 14 番（壱四番）の土地の登記から移記」した旨及びその年月日を記録する（登記規則６条２項前段）。

このとき，地役権（承役地）の範囲が換地（５番）の一部である場合は，移記前の土地の範囲と換地の範囲が異なることになる。そこで，従前地（壱四）の登記記録から換地（５番）の登記記録に地役権に関する登記を移

【図５】 換地図

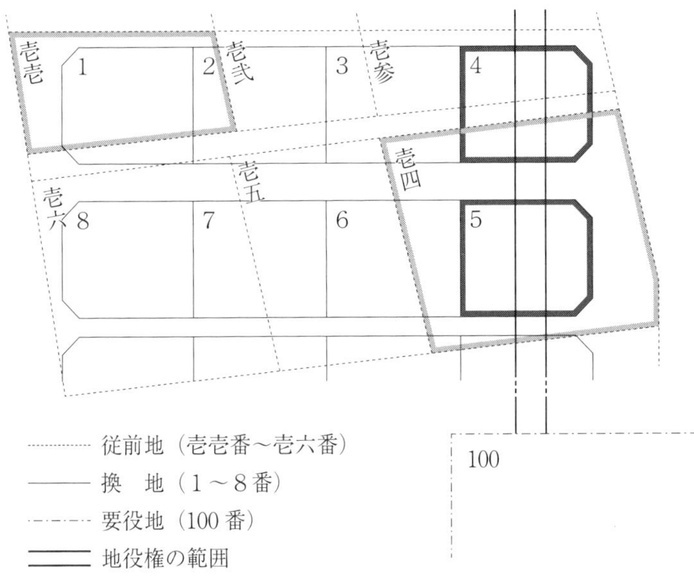

記した後に，付記登記によって範囲の変更登記をした上で，変更前の事項を抹消する記号を記録しなければならない（同項後段）。

② 登記の申請情報（登記令５条１項）には，換地のどの部分に，どんな形状で地役権が存続するか，その部分を明らかに表示して，その地役権図面を添付しなければならないが（同条２項），その地役権が存在する部分が不正形のため文言で表示することができないことがある。

このように換地の一部に地役権が存在する場合は，地役権が存在する部分と存在しない部分とに分割して，分割した土地の全部に地役権が存在するものとして地役権明細書を作成すると，地役権の範囲は１筆「全部」となり，地役権図面の作成及び添付を必要としないことになる（全部地役権・3：5：1：1）。

③ 要役地（100 番）については，「法による換地処分」を原因として承役地を５番とする要役地地役権変更の付記登記をし，変更前の事項を抹消する

記号を記録しなければならない（登記規則６条２項後段）。

④　従前地（承役地）の地役権が重ね図上の換地の数筆に及ぶ場合は，重ね図の底地の地役権の登記事項を重ね図上の地役権の及ぶ数筆の換地に移記した上で共に地役権の目的物件である旨を記載するという通達及び見解（昭 43. 1 .26 民事甲 248 号民事局長通達七（土地改良関係），細田 257）がある。

例えば，【図５】のように，従前地（壱壱）の換地の底地である従前地（壱四）に地役権（承役地）が設定されており，その地役権が存続することになったので，従前地（壱四）と換地を図上で重ねてみると換地(4)と換地(5)の２筆に及ぶことがある。このように，移記前の土地の範囲と換地の範囲が異なる場合には，換地(4)及び換地(5)には，従前地（壱四）の登記記録から地役権に関する事項をそれぞれ移記する。

そして，換地(4)については，登記記録に地役権に関する登記を移記した後に，付記登記により範囲の変更登記をし，従前地（壱四）の表題部の登記事項を抹消する記号を記録しなければならない（登記規則６条１項）。

その上で，従前地（壱四）の地役権の範囲が換地(4)と換地(5)に及んでいるから，換地(4)には換地(5)が共に地役権の目的物件である旨も記録する必要があるというものである。

⑤　しかし，現行法の取扱いとしては，否定的に解すべきであろう（2：3：2：1：3）。すなわち，登記規則８条５項後段は「この場合には，先取特権，質権及び抵当権以外の権利については他の換地が共に当該権利の目的である旨」を記録するとしているが，「この場合」は，「所有権及び地役権以外の権利又は処分の制限に関する登記があるとき」を指すものであって，地役権は含まれず，同規則９条・６条２項～４項には，「共に地役権の目的物件である」旨を記録するという定めは見当たらない。したがって，旧不登法において発出された土地改良に関する前記昭 43 通達七はあるが，平成５年の旧不登法改正通達第五（地役権の登記がある土地の合筆手続の整備）のとおり「共に」の記録は要しないと解すべきであろう（新 QA 3-265「土地改良により地役権のある土地が数筆に換地された場合の地役権の記録」）。

⑥　従前地（底地）に設定していた地役権が，換地と従前地とを図で重ね合わせ，かつ，従前地と換地と同一の位置に当たる事業前の土地の登記事項と照らし合わせた結果，同種の地役権が設定されていて，換地処分後も存続する場合には，底地の地役権の登記事項を重ね図上の換地に移記し，地役権の登記を抹消しなければならない。

例えば，地役権（承役地）が設定されている従前地(A)に照応して交付された換地(a)の底地である従前地(C)にも従前地(A)と同種の地役権（承役地）が設定されていて，その地役権が共に存続する場合であっても，不登法で禁止している登記の流用に当たるからできない。換地(a)の底地(C)の登記記録から地役権に関する登記を移記し，従前地(A)の地役権を抹消する記号を記録しなければならない（登記規則6条2項，3項）。もっともこのような事例は，実際には起こらないであろうが。

⑦　要役地を管轄する登記所を異にする場合は，通知をする必要がある（通知の記載は，不登規則159条4項・2項，通知の様式は，不登準則118条8号別記第77号様式）。

また，換地処分によって照応する換地に要役地としての地役権が存続する場合，あるいは変更する場合等についても同様の登記手続をすることになる。

【地役権明細書】（換地明細書等の作成要領第二・様式第2）

地役権明細書

地役権の存続する換地									地役権の存していた土地						
図形番号	順位番号	区 町丁名	地番	地目	地積		承役地要役地の別	部分	符号	順位番号	区 町丁名	地番	地目	地積	所有者の住所及び氏名
1		○○区 ○○町	3	宅地	65	50	承役地	間口10m 奥行2m	い		○区 ○町	25	宅地	74 : 00	○区○町○番地 何　某
1		同	2	宅地	40	00	要役地	全　部			同	26	宅地	55 : 00	○区○町○番地 何　某

【記録例22】

［従前地：底地：壱四番］

権利部（乙区）			
順位番号	登記の目的	受付年月日・受付番号	権利者その他の事項
1	地役権設定	（省略）	（事項省略）
2	１番地役権抹消	（省略）	法による換地処分により順位１番の登記を（４番及び）５番の土地の登記記録に移記

［承役地：換地：５番］

権利部（乙区）			
順位番号	登記の目的	受付年月日・受付番号	権利者その他の事項
1	地役権設定	（省略）	（事項省略） 法による換地処分により壱壱番の土地の登記記録から移記 ○年○月○日

（図５のように範囲に変更がある場合）

権利部（乙区）			
順位番号	登記の目的	受付年月日・受付番号	権利者その他の事項
1	地役権設定	（省略）	（事項省略） 法による換地処分により壱壱番の土地の登記記録から移記 ○年○月○日
付記１号	１番地役権変更		範囲　中央部20㎡ 地役権図面第○号 ○年○月○日付記

（【図５】のように換地２筆（４番にも）に地役権が存続する場合）

［承役地：換地：４番の土地］

権利部（乙区）			
順位番号	登記の目的	受付年月日・受付番号	権利者その他の事項
1	地役権設定	（省略）	範囲（事項省略） 要役地　何市何町100番 法による換地処分により壱壱番の土地の登記記録から移記（注１） ○年○月○日

［要役地：100番］（注２）

権利部（乙区）			
順位番号	登記の目的	受付年月日・受付番号	権利者その他の事項
1	要役地地役権		（事項省略）
付記１号	１番要役地地役権変更		原　因　○年○月○日法による換地処分 承役地　５番 範　囲　中央部30㎡ 地役権図面第○号 ○年○月○日付記

（注１）「共に地役権の目的物件」である旨の記録はしない（本項の④）。
（注２）要役地が換地により壱壱壱（111）番から100番になった場合は，111番の登記記録の権利部（乙区）で「１番要役地地役権抹消　法による換地処分により100番の土地に移記」と記録する。

（【図５】のように換地２筆に地役権が存続する場合）

権利部（乙区）			
順位番号	登記の目的	受付年月日・受付番号	権利者その他の事項
1	要役地地役権		（事項省略）
付記１号	１番要役地地役権変更		原　因　○年○月○日法による換地処分 承役地　５番 範　囲　中央部30㎡ 地役権図面第○号 承役地　４番 範　囲　中央部20㎡ 地役権図面第○号 ○年○月○日付記

3：5：4　要役地地役権が設定されている従前地（底地）が換地として交付された土地の一部に当たる場合

要役地地役権の設定登記がある従前地（底地）を換地として定められ，要役地地役権がその換地の一部に存続する場合には，担保権が存続する場合と同様に，１筆の土地の一部を要役地地役権として設定することはできないから（不登規則105条1号の合併禁止），換地計画において要役地地役権が存在する部分とその他の部分に分けて指定し，分割型換地として登記しなければならない。そして，要役地としての地役権の登記事項を換地として定められた土地の登記記録に移記し，その他の部分は要役地地役権がない換地として登記をする（登記令12条）。

例えば，従前地(A)に照応して交付された換地（1番）の底地である従前地(C)には，承役地（11番）の要役地地役権が設定され，その要役地地役権が換地（1番）の一部に存続することになる場合は，その登記がある土地に照応して定められた換地（1番の1）と，その他の部分はその登記がない土地に相応して定められた換地（1番の2）とみなし，それぞれ登記をすることになる。

そこで，承役地については，その変更の付記登記をした上で，これに相当する従前の表示を抹消する記号を記録しなければならない（登記規則6条2項）。また，要役地と管轄する登記所とが異なるときは，承役地の変更通知を管轄登記所にする必要がある（不登規則159条4項，不登準則118条8号別記第77号様式）。

【記録例23】

［要役地・従前地C］

権利部（乙区）			
順位番号	登記の目的	受付年月日・受付番号	権利者その他の事項
1	要役地地役権		（事項省略）
2	1番要役地地役権抹消		法による換地処分により1番の1の土地の登記記録に移記 ○年○月○日

［要役地・換地１番の１］

権利部（乙区）			
順位番号	登記の目的	受付年月日・受付番号	権利者その他の事項
1	要役地地役権		（事項省略）
付記１号	１番要役地地役権変更		法による換地処分によりＣ番の土地の登記記録から移記 承役地　11番 範囲　北側○○㎡ 法による換地処分 ○年○月○日付記

［承役地・11番］

権利部（乙区）			
順位番号	登記の目的	受付年月日・受付番号	権利者その他の事項
1	地役権設定	（省略）	要役地　Ｃ番 （その他事項省略）
付記１号	１番地役権変更		範囲　北側○○㎡ 要役地　１番の１ 地役権図面番号○○号 法による換地処分 ○年○月○日付記

3:5:5　所有権の登記がない従前地の換地に既登記の地役権が存続する場合

① 所有権の登記がない従前地に照応して定められた換地の上に既登記の地役権がある場合に，その地役権が存続すべきときは，所有権の登記がないと所有権以外の権利に関する登記ができない。そこで，まず，登記官が職権で従前地の表題部所有者を登記名義人とする所有権の保存登記をし（登記令13条，14条），「法による換地処分により登記をする」旨を記録しなければならない（登記規則10条１項・登記令13条）。

② 換地と定められた土地（換地の底地）の登記記録から，換地の登記記録として使用する従前地の登記記録の乙区に地役権に関する登記を移記し，その登記の末尾に「法による換地処分により何番の土地の登記記録から移記」した旨及びその年月日を記録する。

この場合において，登記記録に記録した要役地若しくは承役地の表示，地役権設定の範囲又は地役権の存在する土地の部分に変更を生じたときは，変更を付記し，これに相当する変更前の登記事項を抹消する記号を記録しなければならない（登記規則10条2項・6条2項）。

③　以上の手続をしたときは，地役権に関する登記のある土地の登記記録の乙区に，「法による換地処分により地役権に関する登記を何番の土地の登記記録に移記」した旨及びその年月日を記録し，前の登記の登記事項を抹消する記号を記録しなければならない（登記規則10条2項・6条3項）。

④　この取扱いは，保留地等の上に既登記の地役権が存続すべきときに準用される（登記規則14条1項・10条）。

⑤　登記官は，①の所有権の保存登記をしたときは，換地の所有者に対し，換地及び従前の土地の表示並びに法による換地処分によって所有権及び地役権に関する登記をした旨を通知しなければならない。この通知は，換地が共有であるときは，共有者のうちの一人にすれば足りる（登記規則21条）。

【記録例24】

［承役地・換地1番］

権利部（甲区）			
順位番号	登記の目的	受付年月日・受付番号	権利者その他の事項
1	所有権保存	（省略）	所有者　○○ 法による換地処分 ○年○月○日登記

権利部（乙区）			
順位番号	登記の目的	受付年月日・受付番号	権利者その他の事項
1	地役権設定 (注)	（省略） （省略）	（事項省略） 法による換地処分により Ｂ番の土地の登記記録から移記 ○年○月○日

(注)　地役権の内容に変更を生じたときは，②後段により，変更の付記登記をする。

［承役地・従前地Ｂ番］

権利部（乙区）			
順位番号	登記の目的	受付年月日・受付番号	権利者その他の事項
1	地役権設定	（省略）	（事項省略）
2	１番地役権抹消	（省略）	法による換地処分により１番の土地の登記記録に移記 ○年○月○日

［要役地・従前地］

権利部（乙区）			
順位番号	登記の目的	受付年月日・受付番号	権利者その他の事項
1	要役地地役権		（事項省略）
2	１番地役権抹消		法による換地処分により１番の土地の登記記録に移記 ○年○月○日

3:5:6　合併型換地の底地に地役権の登記がある場合

従前地数筆（甲乙丙の各土地が隣接している必要はない。）に対して１筆が換地され，従前地の底地に当たる土地に地役権の登記があるときは，換地に地役権が設定されていることになるから，底地となる土地の登記事項を換地（従前地のうち１筆の土地（所有権の登記がある土地とない土地があるときはある土地））に移記する。

合併型換地は，合筆登記の制限（不登法41条）に反する場合はすることができないが，承役地地役権については合筆することができるから（不登規則105条１号），従前地（底地）から地役権の登記を移記し，その範囲及び地役権図面番号を記録しなければならない（不登規則107条２項）。

なお，次の事項については，取扱いに注意を要する。

① 従前地の登記記録のすべてに所有権の登記がない場合には，3:5:5と同様の登記手続をする。

② 換地の登記記録として用いる従前地の登記記録は，従前の数筆の土地の登記記録のいずれか１筆の登記記録になる。

3:5:7　保留地等又は公共施設供用地になった従前地に当たる土地（底地）に地役権の登記が存続する場合

保留地（法96条1項，2項）等又は公共施設供用地（法105条1項，3項）（3:2:2:9）に地役権の登記がある場合には，所有権の登記がないから，登記官が職権で所有権の保存登記をした上で（登記令14条・13条），換地された同一の事業前の土地に設定してある土地（従前地）から地役権の登記を移記する（登記規則14条1項・10条，3:5:5②）。

【記録例25】

［承役地・換地（公共用地）10番］

権利部（甲区）			
順位番号	登記の目的	受付年月日・受付番号	権利者その他の事項
1	所有権保存	（省略）	所有者　○○市 法による換地処分 ○年○月○日

権利部（乙区）			
順位番号	登記の目的	受付年月日・受付番号	権利者その他の事項
1	地役権設定	（省略）	（事項省略） 法の換地処分により100番の土地の登記記録から移記 ○年○月○日

［承役地・従前地100番］

権利部（乙区）			
順位番号	登記の目的	受付年月日・受付番号	権利者その他の事項
1	<u>地役権設定</u>	（省略）	（事項省略）
2	1番地役権抹消	（省略）	法の換地処分により10番の土地の登記記録に移記 ○年○月○日

［要役地］

権利部（乙区）			
順位番号	登記の目的	受付年月日・受付番号	権利者その他の事項
1	要役地地役権		（事項省略） 承役地　100番
付記1号	1番要役地地役権変更		承役地　10番 法の換地処分 ○年○月○日付記

3：6　従前地と換地の管轄登記所が異なる場合

施行地域が2以上の登記所の管轄区域にまたがっている場合の換地処分による登記の申請は，各登記所の管轄に属する地域ごとにしなければならないが（登記令10条4項），換地が従前地を管轄する登記所とは異なる登記所の管轄する土地ということもある。

例えば，甲登記所の管轄に属する従前地（「甲地」という。）に照応して交付された換地（「乙地」という。）が乙登記所の管轄に属する場合，甲地1筆に照応して甲乙2登記所の管轄に属する乙地数筆を交付するときと，甲地1筆に照応して乙丙2登記所の管轄に属する乙地丙地数筆の換地を交付するときなどもあり得る。

この場合，従前地を管轄する登記所は，換地を管轄する登記所に登記記録（又は登記事項証明書）及び登記簿の附属書類（又はその謄本）を移送しなければならない（登記規則15条）。

3：6：1　1筆対1筆型換地で従前地甲地と換地乙地の管轄が異なる場合

甲地1筆に照応して乙地1筆を換地としたときは，乙登記所がその手続をする。甲登記所の登記官は，従前地の登記記録及び登記簿の附属書類（電磁的記録を含む。）又はその謄本を乙登記所に移送しなければならない（登記規則15条1項前段）。

① 登記記録及び登記簿の附属書類は，原本を移送することが原則であるが，その登記記録及び登記簿の附属書類が数個の不動産についての申請

で，換地処分された土地以外の土地が甲登記所の管轄に属する土地である場合は，甲登記所においてもその附属書類を保管しておかなければならないから，従前地の登記事項証明書及び登記簿の附属書類の謄本を乙登記所に送付する（同条２項）。

② 甲登記所の登記官が，乙登記所の登記官に移送する登記記録等の情報は，「移送書」（不登準則８条３項別記第７号様式）２通を添えて，甲地が乙登記所の管轄の土地に換地処分された旨の通知とともに登記記録等（共同担保目録及び信託目録を含む。），地図等の図面（電磁的記録に記録されているものも含む。）及び登記簿の附属書類（電磁的記録に記録されているものも含む。）を紛失し，又は汚損しないようにして送付しなければならない（不登準則８条１項）。

移送すべき地図等の図面が，１枚の用紙に記録された地図等の一部であるときは，その地図等と同一の規格及び様式により，乙登記所に属する部分のみの写しを作成して，送付する（同条２項）。

③ 移送を受けた乙登記所の登記官は，遅滞なく，移送された登記記録等を移送書と照合して点検し，「受領書」（不登準則８条３項別記第８号様式）２通を作成して，甲登記所の登記官に交付し，又は送付する（同条４項）。

④ 乙登記所は，移送を受けた登記記録及び登記簿の附属書類を用いて，換地処分による登記の申請情報に基づいて登記手続をする。

⑤ 乙登記所は，登記記録に記録されている共同担保目録について，共同担保の記号及び番号を自庁の記号及び番号に改める手続をするとともに，従前地の表示についても併せて変更しなければならない（不登規則 170 条２項，167 条１項３号）。

⑥ 甲登記所にも共同担保物件がある場合は，乙登記所は，⑤の変更手続をした後に甲登記所にその旨を通知する。甲登記所は，その通知に基づいて自庁の共同担保目録の変更の処理をする。

甲及び乙登記所以外の丙登記所管轄の物件が共同担保となっている場合には，乙登記所は，甲及び丙登記所に対して，従前地について変更があった旨の通知をする必要がある（不登規則170条3項・168条5項）。

3:6:2　合併型換地で甲地と乙地の管轄が異なる場合

合併型換地で従前地を管轄する登記所と換地を管轄する登記所が異なる場合がある。

① 従前地の数筆を管轄する登記所が甲登記所で，換地を管轄する登記所が乙登記所である場合

この場合は，従前地に照応して換地された土地を管轄する乙登記所が甲登記所から移送された登記記録から合併換地の登記をすることの可否を調査（登記令11条1項，12条，13条）した上で移送を受けた登記記録のうちの1筆の従前地の登記記録を用いて（登記規則7条1項），合併換地の登記をする。

甲登記所の登記官は，合併換地の登記をすることになった乙登記所に従前地に属する登記記録及び登記簿の附属書類又はその謄本を移送しなければならない（登記規則15条1項前段）。

甲登記所が乙登記所に移送する情報等の手続は，3:6:1と同じである。

② 従前地の数筆を管轄する登記所が甲乙の2登記所であり，換地後の土地を管轄する登記所が乙登記所である場合

乙登記所は，換地処分によって換地の属する土地を管轄する登記所であるとともに従前地が属する登記管轄の登記所であるから，乙登記所の1個の従前地の登記記録を用いて（登記規則7条），他の従前地の登記記録と照合して合併換地の登記をする（登記令11条1項，12条，13条）。

合併換地によって閉鎖される従前地を管轄している甲登記所の登記官は，乙登記所に従前地に属する登記記録及び登記簿の附属書類又はその謄本を移送しなければならない（登記規則15条1項前段）。

甲登記所が乙登記所に移送する情報等の手続は，3:6:1と同じである。

③ 従前地の数筆を管轄する登記所が甲丙の2登記所であり，換地後の土地

を管轄する登記所が乙登記所である場合

換地を管轄する乙登記所が甲登記所に属する土地の登記記録と丙登記所に属する土地の登記記録の移送を受けた従前地のいずれかの登記記録（登記規則７条）を用いて合併換地の登記をする（登記令11条１項，12条，13条）。

合併換地の登記をしない従前地を管轄している甲登記所と丙登記所は，合併換地の登記をすることになった乙登記所に従前地に属する登記記録及び登記簿の附属書類又はその謄本を移送しなければならない（登記規則15条１項後段）。

甲登記所及び丙登記所が乙登記所に移送する情報等の手続は，３：６：１と同じである。

３：６：３　分割型換地で換地された数筆の土地を管轄する登記所と従前地を管轄する登記所が異なる場合

① 甲登記所が管轄する従前地１筆を乙登記所が換地後の土地数筆を管轄する場合

甲登記所は，従前地に属する登記記録及び登記簿の附属書類又はその謄本を乙登記所に移送しなければならない（登記規則15条１項前段）。

乙登記所は，甲登記所に属していた登記記録を用いて分割型換地のうちの１筆について換地処分による登記をし（登記規則８条１項，２項），他の換地は，新たに登記記録を新設して換地処分による登記をする（同条３項～５項）。

甲登記所が乙登記所に移送する情報等の手続は，３：６：１と同じである。

② 甲登記所が管轄する従前地１筆を甲登記所と乙登記所が換地後の土地数筆を管轄する場合

甲登記所は，従前地の登記記録に基づいて登記し，従前地に属する登記記録及び登記簿の附属書類又はその謄本を乙登記所に移送しなければならない（登記規則15条２項）。

乙登記所は，分筆後の土地として換地処分による登記をする（同条４項・８条，９条）。

甲登記所が乙登記所に移送する情報等の手続は，3:6:1と同じである。

③ 甲登記所が管轄する従前地１筆を乙登記所と丙登記所が換地後の土地数筆を管轄する場合

甲登記所は，従前地の登記記録及び登記簿の附属書類又はその謄本を乙登記所に移送し，従前地の登記事項証明書及び登記簿の附属書類の謄本を丙登記所に移送しなければならない（登記規則15条３項）。乙登記所と丙登記所は，甲登記所が管理している換地前の従前地の登記記録に基づいて換地処分による登記をする（同条４項・８条，９条）。

甲登記所が乙登記所及び丙登記所に移送する情報等の手続については，3:6:1と同じである。

3:6:4 市区町村の区域等の変更により，従前地と換地が管轄登記所を異にすることになった場合

換地処分が行われた結果，市区町村の区域内の町若しくは字の区域を新たに画する必要が生ずる場合がある。この区域等の変更は，市町村長がその市町村の議会の議決を経てこれを定め，都道府県知事に届け出て，これを受理した都道府県知事がこれを告示することによりその効力が生ずる（地自法260条）。

土地区画整理事業で換地処分を伴うものについては，換地処分の公告のあった日の翌日からその効力が生ずるとされているので（地自令179条），換地処分と町界変更等の効力が同時に生ずることになるが，町界等の変更に伴って登記管轄区域が変更される場合もある。

このような場合は，3:6:1ないし3:6:3により処理することになる。

【参考12】 換地処分による筆界の形成

筆界とは，表題登記がある１筆の土地とこれに隣接する他の土地との間において，その１筆の土地が登記されたときに，その境を構成する２以上の点及びこれらを結ぶ直線をいう（不登法123条１号，【参考２】。

① 換地処分は，換地計画に係る区域の全部について，区画整理事業が完了した後，従前の宅地について所有権その他の権利を有する者に対し，従前の土地に代えて，整然と区画された土地を割り当て，これを帰属させる処分である。

換地処分は，形成的な行政処分の性質を有し，これにより，その土地に関する所有権その他の権利関係を確定する。すなわち，「換地を従前の土地とみなす」という法律の擬制によって，施行区域内すべての各筆の土地は消滅し，これに代わって，権利関係は，従前の各筆の土地の上に存在したものと同じ状態で，それぞれの従前の各筆の土地に対応する形で，新たな区画形質の土地（換地）が生じたもので，換地処分の登記が経由された各土地について，新たな筆界が創設されることになる。

② 換地処分によって，従前の土地は消滅し，新たな土地（換地）が生じるとすると，不登法によれば，その登記手続は，従前の各筆の土地について土地の滅失登記（不登法 42 条）に準じて，表題登記（同法２条 20 号）を抹消して，登記用紙を閉鎖する（不登規則 109 条）とともに，換地については，土地の表題登記をした上，換地の上に移行したものとされる従前の土地についての権利に関する登記（所有権の保存登記，抵当権の設定登記等）をすることになる。

しかし，登記令及び登記規則は，不登法の特例を定め，換地処分による登記は，一筆対一筆の基本的な型について，従前の土地の登記記録（不登法２条５号）の表題部（同条７号）に，換地の所在地並びに換地の地番，地目及び地積を記録するとともに，従前の土地の表題部の登記事項を抹消する記号を記録すべきこととしている（登記規則６条１項）。

③ 換地処分による登記の申請は，原則として，施行区域内の土地で登記すべきものの全部について，同一の申請情報でしなければならないこと（登記令 10 条１項本文），換地処分があった旨の公告後においては，施行区域内にある土地又は建物に関しては，原則として，換地処分による登記をした後でなければ他の登記をすることができないこと（法 107 条３項本文），換地処分による登記は，一度に大量の事務を迅速に処理することが要請されるから，登記事務及び行政経費の軽減を考慮して，従前の土地の登記記録をそのまま流用し，ただし，その表題部の記録のみを修正するにとどめるという，登記手続的には極めて簡便な手法を用いているのである（参考：Q＆A不動産表示登記：登記研究 858-36）。

なお，本項は，筆界特定手続（不登法第六章）とは直接の関係はない。

【参考13】 清算金等の供託

① 土地区画整理事業の施行者は，施行地区内の宅地又は宅地について存在する権利について清算金又は減価補償金を交付する場合に，当該宅地又は権利について先取特権，質権又は抵当権があるときは，その精算金又は減価補償金を供託しなければならない（法112条1項本文）。

この場合の清算金とは，換地処分による不均衡を清算する金銭で，例えば，基準の減歩率が20パーセントであれば，300平方メートルの宅地の所有者は，210平方メートルの宅地を換地として割り振られるべきであるが，減歩率50パーセントの150平方メートルしか割り振られないときは，所有者に清算金が交付される。

また，減価補償金は，事業施行後の宅地の価額の総額が施行前の宅地の価額の総額よりも減少した場合に従前の宅地の所有者に交付される。

清算金又は減価補償金が供託された場合は，抵当権等の担保物権を有する債権者は，その供託金について権利を行使することができることになる（同条2項）。ただし，この担保権等は，換地計画の各筆各権利別精算金明細において，供託すべきものとしてき記載されているものに限る。したがって，換地処分の公告があった日以後に設定された担保権については供託をする必要はない。

② 土地区画整理事業遂行のために建築物等を除却する場合（法77条1項）に建築物等について先取特権，質権又は抵当権があるときは，その補償金を供託しなければならない（法78条5項）。この供託の趣旨は，宅地についての補償金と同様，担保権者の権利を保護するためにするもので，建物の所有者には，補償金の支払を請求する権利はなく，供託金の還付請求権を有するにすぎないから，担保権者は，その供託金還付請求権に対して権利を行使することになる。

供託金額は，建物の滅失により通常生ずべき損失の補償金であるから，建物の現在価額となり，抵当権の被担保債権額を考慮する必要はない（昭33．4．4民甲713号民事局長心得回答）。したがって，施行者は，建物の現在価額が被担保債権額よりも少額なときは，補償金全額を供託し，被担保債権額よりも高額なときには，被担保債権額のみを供託し，その余の金額は所有者に支払うことになる（参考：供託余聞(6)登研865-133）。

3：7　登記実行後の事務

3:7:1　通知事務

換地処分による登記は，集中的に大量処理されるため，登記完了後の通知事務も大量の処理となる。そのため，通知先が同一である場合は，通知を受ける者が事務処理に支障を来さないように通知事項をまとめて作成する必要がある。

また，不登規則等で定めた様式により通知する場合であっても，換地処分による通知である旨を表記する。通知すべき旨の明文規定がない事項であっても，換地処分による登記の特殊性を考慮して，関係者に通知しておく必要があろう。

3:7:1:1　共同担保の変更に関する通知

換地処分による登記をした従前地が他の登記所の管轄に属する土地又は建物と共に共同担保の関係にある場合には，登記官は，遅滞なく，その登記所にその旨を通知しなければならない（不登規則170条3項・168条5項，不登準則118条10号別記第79号様式）。

3:7:1:2　所有者への登記完了証の通知

施行地域内に土地を所有する者は，施行者からの換地処分の通知によって，所有する土地の登記がどのようになるのか承知しているが，登記が完了したときは，登記官は，登記が完了した旨の「登記完了証」（不登規則181条2項別記第六号様式）を通知しなければならない（不登規則183条）。

建物に関する登記についても，その所在の変更等については，換地通知書により所有者は承知しているが，登記官は，「登記完了証」を通知する。

3:7:1:3　市町村への通知

登記所は，土地又は建物の表示に関する登記をしたときは，10日以内にその旨をその土地又は建物の所在地の市町村長に通知しなければならない（地方税法382条1項，不登準則118条14号ア別記第83号様式）。

換地処分については，数千筆にも及ぶ土地について通知することもあるが，定められた様式によることは必ずしも能率的ではないので，換地処分による登記申請情報の写しを利用して，通知することもできるであろう。

ただし，登記令12条の規定（法6条の規定により申請情報の内容とされた部分がある場合）によって登記をした土地は，注意する必要がある。申請情報には，従前地とみなされた部分の換地があたかも1筆として交付されたように記載されているからである。登記所は，1筆対1筆型に置き換えて登記をした結果についての地番及び地積を明確に記入して通知しなければならない。

3:7:1:4　換地処分による所有権及び地役権に関する登記をした旨の通知

所有権の登記のない従前地に照応して換地を交付した場合において，その換地と定められた土地の上に既登記の地役権が存続すべきときは，登記官が，職権でその従前地の表題部所有者を登記名義人として所有権の保存登記（登記規則8条1項）をした上で（登記令13条，14条），地役権の登記をするとされている（登記規則5条，3：5：7）。

このときは，登記官は，その従前地の換地の所有者に対して，土地の表示及び「換地処分によって所有権及び地役権に関する登記をした。」旨の通知をしなければならない。この通知は，1個の換地の所有者が2人以上いるときは，1個の換地ごとに，その内の1人に対して通知をすれば足りる（登記規則21条）。

この通知をしたときは，各種通知簿に，その通知事項，通知を受ける者及び通知を発する年月日を記録する（登記規則22条）。

通知の発送は，郵便，民間事業者による信書の送達に関する法律2条6項に規定する一般信書便事業者又は同条9項に規定する特定信書便事業者による同条2項に規定する信書便その他適宜の方法によりする（登記規則23条）。

3:7:1:5　登記識別情報の通知書の交付

登記をすることによって申請人自らが登記名義人となる場合において，その登記を完了したときは，登記官は，速やかに，申請人に対し，その登記に係る登記識別情報を通知しなければならない（不登法21条，2：4：8：2）。

換地処分による登記においても，従前地が数筆で1筆の換地が定められた場合において，従前地の登記記録に所有権の登記があるときは，登記官は，職権で換地の登記記録にその所有権の登記名義人を換地の登記名義人とする所有権の登記をし，申請人に登記識別情報を通知しなければならず，通知を受けた申請人は，遅滞なく，登記名義人に通知しなければならない（登記令11条）。

この登記識別情報は，所有権等位名義人が，登記義務者として登記の申請をする場合は，登記識別証明情報となる。

3：7：2　登記の申請書類などの整理及び保存

換地処分による登記が完了した場合に保存すべき書類としては，換地処分の公告があった旨の通知書（法107条1項，登記規則22条）並びに換地計画書（法87条，登記規則12条～14条，登記令4条3項の規定により同条2項3号の図面とみされるものを除く。）及び換地認可書の謄本がある。これらの書類は，その換地処分による登記の申請書と合綴し，一般の申請書とは区別して別冊として合綴する（登記規則3条2項）。

この書類の保存期間は，受付の日から10年である（登記規則4条1項）。

3：7：3　各種図面の整理及び保存

換地処分による登記の申請情報に添付情報として提供された図面は，次のように保存する。

3:7:3:1　土地の全部についての所在図

3:7:3:1:1　所在図の備え付け

換地処分後の土地の全部についての所在図（登記令4条2項3号）は，地図（不登法14条1項）として備え付ける（不登規則10条6項・5項本文）。地図として備え付けることを不適当とする特別な事情がある場合（同条6項・5項ただし書）であっても「地図に準ずる図面」（不登法14条4項，5項）としての要件を満たすと認められるときは備え付ける（不登準則13条1項）。

登記官は，監督法務局又は地方法務局の長に報告をして（不登準則14条2号・別記第12号様式），永久保存とする（不登規則28条2号）。

また，その区域の従前の地図等の図面を閉鎖する（不登規則12条1項，4

項)。

3:7:3:1:2　地図等の備え付け

所在図を地図等の図面として備え付ける（不登法14条1項）ための手続と従前の地図等の図面を閉鎖するための手続は，換地処分の登記の申請情報の提供の方法によって異なる。

① 所在図がオンラインで提供された場合

換地処分の申請情報の添付情報としてオンラインで提供された換地処分後の土地の全部について提供される所在図は，登記所の管理する電磁的記録に記録して地図等の図面の情報として備え付けられる（不登法14条6項，不登準則12条1項）。この電磁的記録に記録されている地図等の図面は，記録されている事項と同一の事項を記録した地図等の図面の副記録を調製し，保存される（不登規則15条の2第1項）。

② 所在図が書面で提供された場合

換地処分の申請情報の添付情報として書面で提供された換地処分後の土地の所在図は，登記が完了すると登記官は，登記所の管理する地図等の図面として，電磁的記録に記録するが（不登法14条1項，不登準則12条本文），それができないときは，ポリエステル・フィルム等を用いて作成することができる（不登準則12条ただし書）。

3:7:3:1:3　従前地の地図等の図面の取扱い

従前の地図等の図面の閉鎖の方法は，電磁的記録に記録されているか否かによって異なる。

① 電磁的記録に記録されていない場合

閉鎖する地図等の図面が，電磁的記録以外のポリエステル・フィルム等で作成されている場合は，閉鎖する地図等の図面に「閉鎖の事由及び年月日」を記録して登記官が押印をしなければならない（不登規則12条2項，4項）。

閉鎖する地図等の図面が一部の場合は，閉鎖する部分と存続する部分とを判然と区別させる必要がある（同条3項，4項）。

② 電磁的記録に記録されている場合

閉鎖する地図等の図面が，電磁的記録に記録されているときにも①と同様に，閉鎖する地図等が全部であるときは，「閉鎖の事由及び年月日」を記録し（不登規則12条2項・4項），閉鎖する地図等の図面の一部である場合には，閉鎖する部分と存続する部分とを判然と区別させる措置の記録をしなければならない（同条3項，4項）。

3:7:3:2　地役権図面

換地と定められた土地の一部に既登記の地役権が存在すべきときに提供する地役権の図面（3：2：3⑤，登記令5条2項）は，所定の手続をして（不登規則86条，160条）保存する（不登規則21条）。

なお，従前地に地役権の図面が提出されている場合には，所定の手続をして図面を閉鎖しなければならない（不登規則87条）。

3:7:3:2:1　地役権図面の保存方法

① 地役権図面がオンラインで提供された場合

換地処分の申請情報の添付情報としてオンラインで提供された地役権図面は，登記官が電磁的記録に地役権図面番号及び登記の年月日を記録して保存する（不登規則17条1項，86条2項）とともに同一の事項を記録した地役権の図面の副記録を調製し，保存する（不登規則27条の3第1項）。

② 地役権図面が書面で提供された場合

換地処分の申請情報の添付情報として書面で提供された地役権図面は，登記官が，地役権図面番号を付し，受付の年月日及び受付番号を記録して（不登規則86条1項），保存する。

3:7:3:2:2　従前地の地役権図面

地役権の消滅若しくは地役権の範囲の変更更正登記があったときは，従前の地役権図面を閉鎖し（不登規則87条1項），閉鎖の事由及びその年月日を記録するほか，登記官の識別番号を記録し，又は登記官印を押印しなければならない（不登規則87条2項・85条3項）。

3:7:3:3　建物図面，各階平面図

換地処分による登記の申請に併せてその建物の表示に関する登記を申請する場合（登記令15条）に，建物の所在する「市，区，郡，町，村，字及び地番」を変更（更正）したときは，変更後の「建物図面」を，また，「床面積」を変更（更正）したときは，変更後の「建物図面及び各階平面図」を提供する必要がある（不登令7条1項6号別表十四添付情報欄イ，ロ）。

その建物が既登記のときは，登記所で保管している建物図面及び各階平面図は，所定の手続をして図面を閉鎖する（不登規則85条2項1号）。

3:7:3:3:1　提出された建物図面及び各階平面図の取扱い

① 建物図面・各階平面図がオンラインで提供された場合

オンラインで建物図面・各階平面図を提供された場合，登記官は，登記の完了年月日を記録した上（不登規則85条1項），登記所の管理する電磁的記録に記録して保存する（不登規則17条1項）とともに同一の事項を記録した建物図面・各階平面図の副記録を調製し，保存する（不登規則27条の3第1項）。

② 建物図面・各階平面図が書面で提供された場合

書面で建物図面・各階平面図を提供された場合，登記官は，登記の完了の年月日を記録をした上（不登規則85条1項），建物図面つづり込み帳（不登規則18条5号）につづり込んで保存するか（不登規則22条1項），電磁的に記録して保存する（同条2項・20条2項）。

3:7:3:3:2　従前の建物の建物図面及び各階平面図の取扱い

登記所で管理している従前の建物の建物図面及び各階平面図については，その建物の表示に関する変更登記の申請によって閉鎖しなければならない（不登規則85条2項）。

① 建物図面つづり込み帳につづり込んでいる場合

建物図面つづり込み帳（不登規則18条5号）につづり込んで保存（不登規則22条1項）しているときは，建物図面つづり込み帳から除却して，閉鎖した建物図面つづり込み帳につづり込み，閉鎖の事由及びその年月日を記

録して登記官印を押さなければならない（不登規則 85 条３項）。

② 電磁的記録に記録している場合

電磁的記録に記録して保存しているときは，閉鎖した建物図面及び各階平面図に閉鎖の事由及びその年月日を記録して登記官の識別番号を記録しなければならない（不登規則 85 条３項）。

3:7:3:4 従前地の土地所在図及び地積測量図

換地処分による登記の記録は，換地処分の登記の申請に基づいて換地に対応した従前地の登記記録の表題部を用いて行われ（登記規則５条１項），登記所で保存している従前地に係る土地所在図及び地積測量図は，閉鎖される（不登規則 85 条２項３号）。

電磁的記録に記録して保存（不登規則 17 条１項）しているときは，閉鎖の事由及びその年月日を記録並びに登記官の識別番号を記録し，土地図面つづり込み帳につづり込んでいるときは，閉鎖した図面に，閉鎖の事由及びその年月日を記録して登記官印を押さなければならない（不登規則 85 条３項）。

【資料】 ○○都市計画事業○○土地区画整理事業　事業計画（運用指針別記様式第2）

○○都市計画事業○○土地区画整理事業

事　業　計　画

第1　土地区画整理事業の名称等

(1)　土地区画整理事業の名称

（例）　○○都市計画事業○○土地区画整理事業

(2)　施行者の名称

（例）　○○市（○○市長），○○県（○○県知事）

第2　施行地区

(1)　施行地区の位置

当該都市内における施行地区の位置を総括的に説明すること。

(2)　施行地区位置図

施行規則第5条第2項により作成するが，都市計画法第14条の総括図に施行地区界をヴァンダイクブラウン，内側縁取りぼかし幅2mmで表示したものとする。

(3)　施行地区の区域

施行地区区域内の町，丁目名を記載すること。

(4)　施行地区区域図

施行規則第5条第2項により作成するが，その配色は次表によること。

区　別	配　色	
	色　彩	方　法
施行地区区域界	ヴァンダイクブラウン	実線（幅1mm）で折点には○印（直径3mm）を付し，明確に表示すること。
行政区域界	バーミリオン	都道府県界 —(・)— にて表示のこと。
		市町村界　—・—　〃
		町字界　———　〃
都市計画区域界	ローズ・マダー	縁取りぼかし幅3mm

市街化区域界	〃	幅２mm　点線
施行地区界に接する区域内外の土地	クロームグリーン No.2	細実線にてこれらの土地について道路筆界，地番等を記入のこと

第３　設計の概要

１　設計説明書

(1)　土地区画整理事業の目的

施行地区について当該事業を施行しようとする目的及び区域選定の理由を具体的に説明する。

(2)　施行地区内の土地の現況

地区の性格，発展状況等を概括的に述べると共に，地区内人口，その密度，土地利用状況（農地を含む），街路及び宅地の状況，建物の高度化の傾向，地勢，用排水，上水，ガス等供給処理施設，学校等文教施設，工場の立地状況，地価等について述べる。

(3)　設計の方針

施行地区内の土地利用計画，人口計画，公共施設計画，公益的施設の配置等について設計に関する基本構想を述べる。

この場合，地区外との関連を特に記述すること。

住宅先行建設区を定める場合には，これらについて施行地区内の土地利用計画，人口計画，現況に関連して説明する。

(4)　整理施行前後の地積

(イ)　土地の種目別施行前後対照表

種目			施行前			施行後		備考
			地積㎡	%	筆数	地積㎡	%	
公共用地	国有地	道路						
		公園						
		広場						
		河川						
		運河						
		船だまり						

		水路						
		堤防						
		公共物揚場						
		緑地						
		計						
	地方公共団体所有地	道路						
		公園						
		広場						
		河川						
		運河						
		船だまり						
		水路						
		堤防						
		公共物揚場						
		緑地						
		計						
合計								
宅地	民有地	田						
		畑						
		宅地						
		塩田						
		鉱泉地						
		池沼						
		山林						
		牧場						
		原野						
		墓地						
		境内地						
		運河用地						
		水道用地						
		用悪水路						
		ため池						
		堤						

		井溝						
		保安林						
		公衆用道路						
		公園						
		雑種地						
		計						
	国有地	公用財産						
		公共用財産						
		皇室用財産						
		企業用財産						
		普通財産						
		計						
	準国有地	都市基盤整備公団用地						
		○○○○用地						
		計						
合計								
保留地								
測量増減								
総計				100			100	

(注) (a) 公共用地，宅地の区分及び公共用地欄の種目は，土地区画整理法により，宅地の民有地欄及び国有地欄の種目は不動産登記法及び国有財産法によったものである。なお，準国有地の種目欄は便宜上設けたものであって，○○○○用地以下の欄は，単独立法による公社，公団，事業団（日本道路公団，首都高速道路公団，阪神高速道路公団，水資源開発公団等）用地を別個に記入する。

(b) 工区に分けた場合は，工区ごとに作成し，かつ，総括表も作成すること。

(c) 土地の種目は現況によらず台帳又は登記簿によること。

(d) 該当のない種目欄は必ず省略すること。

(e) 宅地の民有地公衆用道路，用悪水路等の欄については，公共団体以外の者が所有する者を記入すること。

(f) 整理後開設される通路については，公共用地の地方公共団体道路欄に記入すること。

(g) 法第95条の各号に該当する宅地については，備考欄に「○号該当，○筆○○㎡」と記入し，合計欄も記入すること。

(ロ)　減歩率計算表

整理前宅地面積（台帳地積）	同更正地積（測量増減を加減したもの）	整理後宅地地積		差引き減歩地積		減歩率	
		保留地を含めた宅地地積	保留地を除いた宅地地積	公共減歩地積	公共保留地を合算した減歩地積	公共減歩率	公共保留地合算減歩率
㎡	㎡	㎡	㎡	㎡	㎡	%	%

(注)　減価補償金相当額の全部又は一部をもって，整理前の宅地を買収し，減歩率を緩和する場合は，その旨を欄下に記載すること。

(5)　保留地の予定地積

整理前宅地価格総額（予想）	整理後宅地価格総額（予想）	宅地価格総額の増加額	整理後１平方メートル当り予定価格	保留地として取り得る最大限地積	保留地の予定地積	割合	摘要
円	円	円	円／㎡	㎡	㎡		

(注)　(a)　整理後宅地価格総額が整理前より減少する場合は，増加額欄に負号を附して記入し保留地関係欄は記入を要しない。
(b)　保留地として取り得る予定地積の内一部しか予定しない場合は，その割合を示すこと。
(c)　「整理前宅地価格総額」は更正地積により算出すること。

(6)　公共施設整備改善の方針

公共施設整備改善の方針を，用途地域，都市計画街路，防火地域等の都市計画並びに都市計画以外の主要公共施設（道路，河川，運河等），鉄道，軌道，港湾等の新設及び改良計画，住宅先行建設区との関連において公共施設別に説明すること。

公共施設別調書

区分		名称	道路種別	形状寸法			整備計画	摘要
				幅員（m）	延長（m）	面積（㎡）		
		○，○，○○	2					

街路	幹線街路	○，○，○○	◎					
			◇					
		○○駅前広場	〃					
		小計						
	区画街路	幅員 8 m						
		〃 6 m						
		小計						
		計						
	特殊街路	幅員 ○ m						
		〃 ○ m						
		計						
道路		幅員 ○ m						
		〃 ○ m						
		計						
公園		○，○，○○						
		計						
水路		○○水路						
		計						
		合計						

（注）(a) 工区に分けた場合は工区ごとに作成すること。

(b) 公共施設のそれぞれについて都市計画が決定済みのものについては，その決定年月日を摘要欄に記入すること。

(c) 都市計画街路については，元１級国道 2，元２級国道 173，主要地方道◎，一般地方道○，市町村道◇，の符号によりそれぞれの道路種別を表示すること。

(d) 整備計画欄は，各種別ごとに次の事項を記入すること。

(イ) 歩車道の区分のある街路については「3.5m―９m―3.5m」等と標準断面を明示する。

(ロ) 街路については，平均切盛高，最高切盛高，舗装種別，植樹の内容，照明灯並びに側溝の種類及び規模等を具体的に記入する。

(ハ) 公園については，平均切盛高，最高切盛高，舗装種別，植樹の内容，照明灯並びに側溝の種類及び規模等を具体的に記入する。

(ニ) 水路については，標準断面，構造等を具体的に記入する。

(7) 土地区画整理法第２条第２項に規定する事業の概要

各事業別にその事業の概要を説明すること。

(注)　法第2条第2項前段事業の内容を例示すれば，次のとおりである。

(イ)　事業の施行のため必要な工作物その他の物件の内容

①　法第79条に規定する移転，除却建築物居住者のための一時的収容施設

②　法第93条に規定するいわゆる立体換地の対象となる耐火構造建築物

③　工事のため設置される仮橋，工事用道路等

(ロ)　事業の施行に係る土地の利用の促進のため必要な工作物その他の物件の内容

①　上・下水道管

②　保留地に建築する分譲住宅

③　既存墳墓整理のため設置する納骨堂

2　設計図

施行規則第6条第3項により作成するが，細部の表示方法は次表によること。

区　分	凡　例	備　考
土地区画整理事業施行地区界	ヴァンダイクブラウン 縁取りぼかし幅　2mm	
都市計画街路	バーントシーナ 縁取り淡塗潰し	道路種別 街路番号，名称，幅員を記入すること
区画街路	ヴァーミリオン 〃	幅員を記入すること
河川，運河，水路	コバルトブルー 縁取りぼかし幅　2mm	幅員を記入すること
堤防，護岸	クリームイエロー ホーカスグリーン 縁取り幅　2mm 内クリームイエロー 淡塗潰し	
公園，緑地	クロームグリーンNo.1 縁取りぼかし幅　2mm	面積を記入すること
公共物揚場	イエローオーカー 淡塗潰し	
鉄道軌道	セピア 〃	
官公署	ライトレッド 縁取りぼかし幅　2mm	

学　　　　　校	ビリジアン 　　　緑取りぼかし幅　2mm	
墓　　　　　地	モーブ 　　　　　〃	

(注)　(a)　実測図を用い，下図（現形）が明瞭に見えるようにすること。
(b)　各施設の敷地について配色すること。

第4　住宅先行建設区

1　設計説明書

住宅先行建設区の面積

2　設計図

第3設計の概要の2設計図における設計図に，パーマネントイエロー緑取りぼかし幅2mmで，住宅先行建設区の区域を表示する。

第5　事業施行期間

（例）自　　　年　　月　　日
至　　　年　　月　　日
（うち，法第103条第4項の公告の日から　年　月間を指定期間とする。）

第6　資金計画書

1　収入

区　　分	金　　額	摘　　要
国庫負担金又は補助金 県　　　　　費 市町村分担金 保留地処分金 寄付金その他 計		受益者負担金を含む
公共施設管理者負担金		
合　　　　　計		

(注)　公共施設管理者負担金摘要欄には事業名称を記載のこと。

(以下略)

第２版　土地区画整理の登記手続　索引

【主要条文索引】（太字の見出しは重要事項）

◉不動産登記事務取扱手続準則

◉土地区画整理法

◉土地区画整理法施行令

◉土地区画整理法施行規則

◉土地区画整理登記令

◉土地区画整理登記規則

◉都市計画法

◉都市再開発法

◉都市再開発法施行令

◉大都市地域における住宅及び住宅地の供給の促進に関する特別措置法

◉被災市街地復興特別措置法

◉被災市街地復興特別措置法施行規則

◉密集市街地における防災街区の整備の促進に関する法律

◉行政手続法

◉行政事件訴訟法

◉建築基準法

◉地方自治法

◉地方自治法施行令

◉地方税法

【判例索引】

【先例索引】

【事項索引】（太字の見出しは重要事項）

［さ］

［た］

［な］

［は］

［ま］

［よ］

［り］

第２版　土地区画整理の登記手続

2014年４月25日　初版発行
2021年１月15日　第２版発行

著　者　五十嵐　徹
発行者　和田　裕

発行所　日本加除出版株式会社

本　社　郵便番号 171－8516
東京都豊島区南長崎３丁目16番６号
TEL (03)3953-5757(代表)
(03)3952-5759(編集)
FAX (03)3953-5772
URL www.kajo.co.jp

営業部　郵便番号 171－8516
東京都豊島区南長崎３丁目16番６号
TEL (03)3953-5642
FAX (03)3953-2061

組版・印刷 ㈱亨有堂印刷所 ／ 製本 牧製本印刷㈱

落丁本・乱丁本は本社でお取替えいたします。
★定価はカバー等に表示してあります。

Printed in Japan
ISBN978-4-8178-4698-3